逻辑与智慧人生系列主编　黄华新

智慧人生

日常推理之谜

陈宗明　著

中国出版集团　东方出版中心

图书在版编目（CIP）数据

智慧人生：日常推理之谜 / 陈宗明著. 一上海：
东方出版中心，2022.11
ISBN 978 - 7 - 5473 - 2072 - 3

Ⅰ.①智…　Ⅱ.①陈…　Ⅲ.①人生哲学一通俗读物
Ⅳ.①B821 - 49

中国版本图书馆 CIP 数据核字（2022）第 186988 号

智慧人生——日常推理之谜

著　　者　陈宗明
策划编辑　潘灵剑
责任编辑　赵　明
封面设计　钟　颖

出版发行　东方出版中心有限公司
地　　址　上海市仙霞路 345 号
邮政编码　200336
电　　话　021 - 62417400
印 刷 者　上海万卷印刷股份有限公司

开　　本　890mm×1240mm　1/32
印　　张　8.75
字　　数　172 千字
版　　次　2022 年 11 月第 1 版
印　　次　2022 年 11 月第 1 次印刷
定　　价　48.00 元

开 篇 絮 语

诗人刘大白曾经写诗这样地赞美人生:"少年是艺术的,一件一件地创作;壮年是工程的,一座一座地建筑;老年是历史的,一页一页地翻阅。"这就是人生的三部曲。

我已经年逾古稀,回顾往昔,这辈子主要做了三件事情:读书、教书、写书。这些年来,我的所学、所作,大体上都同推理有关。对于推理的关注,差不多贯串了我的一生。

我常常静静地想,推理与人生究竟有着什么样的关系?

记得 2000 年,千禧之年,一家杂志社要我为 21 世纪写一句话,我写的这句话就是:

未来属于擅长推理的人们。

读者或许会问:这句话是不是说过了头? 推理真的有这么大的作用吗?

其实,"擅长推理"岂不就是人们常说的具有"智慧"吗? 人类智慧创造了如此美好的今天,也将创造更加美好的明天。我们因此说,未来属于擅长推理的人们,而擅长推理的每个人也将拥有更美好的人生。

简单的事实是：我们每天早晨醒来，就开始了思考；晚上入睡之前，我们仍在思考。这"思考"就是推理，至少其中包含有推理。推理与我们朝夕与共，从幼小直到死亡。当然，推理并不意味着一定成功，我们的意思是说：那些擅长推理的人们才更可能获得成功，拥有美好的未来。

人们是生来就会推理的，推理相伴我们一生，决定着每个人的人生道路。因此我们不妨说：人生即是推理。

然而，人们在日常生活中究竟是怎么推理的？这些推理的具体过程是什么？为什么相同的前提，不同的人会推出完全不同的结论？为什么推理决定着每个人的人生道路，而擅长推理的人更可能创造美好快乐的人生？……这些问题并不是每个人，甚至还没有人能够说得清清楚楚。

日常推理是个谜！这个谜说明了绝顶聪明的人类还缺乏"自知之明"。

这些年来，由于职业的习惯，我常常分析一些来自生活中的推理，也分析自己的实际思维，从中得到不少启示，感觉到日常生活中的许多推理都不是逻辑教科书所能解释得了的。在很长一段时间里，我为一个具体问题所困扰，运用什么推理知识都无济于事，可就有那么一刹那忽然"顿悟"，明白了一切。顿悟之后，我就像佛家"禅悟"那样，"一花一世界，一叶一菩提"，快活极了。这次顿悟，使我似乎懂得了日常推理中的某些奥秘，体味到日常推理的复杂性和神秘性，以及它在人生旅程中的重要作用。

面对人们的实际思维,我发现日常推理的秘密就在于存在大量的内隐前提,它使得在共同的外显前提下,不同的人会推出各不相同的结论。内隐的某些前提,由于涉及推理者的信念、性格、情感和素养,决定着不同的人生命运。

于是,我想把这些年来所学、所思、所得写成一本小书,希望它能够贴近人们的实际生活,切实有效地帮助人们进行日常推理,享受快乐而且成功的人生。至于我是否能够如愿,那就只好等待实践来检验了。

由于日常推理的极端复杂性,这本书的内容除逻辑以外,还将涉及哲学、语言学、心理学等诸多学科。可是,我只是想把它写成一本雅俗共赏的"小书",目的是拥有更多的读者。当然,把复杂问题简单化不是一件容易的事情。不过,长话可以短说,深入可以浅出,我将努力把它写得简简单单、明明白白,加之书中引用了大量来自生活的推理实例,我想可以让读者读得轻松愉快,乃至兴致盎然。当然,我是否能够如愿,也只能等待实践的检验。

目　录

第一章　人生即是推理

第一节　推　　理

一、什么是推理

"人生即是推理。"人生的道路何止千条万条,但是所有人都是在推理中走完自己的人生旅程的。人人生来就会推理。

"人生即是推理",那么推理是什么? 或者说,什么是推理?

推理是一个认知过程。具体说来,就是人们从已知的知识推出新知识的过程。

人作为"万物之灵",是具有高度发展了的智慧的动物,与生俱来地有一种需求:渴望知道周边世界的一切。人们的认知活动,除了诸如眼睛看、耳朵听、鼻子嗅等感官直接接触事物以外,最为重要的就是推理。推理是从已知推出新知的认知活动,但它是间接而不是直接的认知活动。这个认知活动的过程,我们称之为"思维",或曰"思考"。至于思维所涉及的具体内容,那就是人们通常所说的"思想",或曰"知识"。

例一：

> 人人都会犯错误，
>
> 所以，并非有人不会犯错误。

这是一个简单的推理。"人人都会犯错误"，是人们公认的一条真理，属于已知的知识，"所以"表示推出，"并非有人不会犯错误"，就是从"人人都会犯错误"这个已知知识推导出来的新知识。这个从已知到新知的认知过程，也就是思维的过程。这个思维过程所涉及的思维内容，就是思维者在推理中所形成的思想。经历了这样的认知活动，如果还有人认为自己永远不犯错误，那么你还会相信他的自我评价是正确的吗？

例二：

> 人人都会犯错误，
>
> 圣人是人，
>
> 所以，圣人也会犯错误。

这个推理比上例稍微复杂一些。它的已知知识有两款："人人都会犯错误"和"圣人是人"。在此条件下推出新知："圣人也会犯错误。"

这个推理的认知意义是明显的。自古以来，人们大都认为圣人是不会犯错误的。所谓"人非圣贤,孰能无过",也就是说,只有圣贤才不会犯错误。以我们现在的认知水平来看,这个推理中的两款已知知识都是公认的真理,因而推出的"圣人也会犯错误",它的真理性就确定无疑了。

由于圣人是人而不是神,所以圣人犯错误并没有什么稀奇。就拿大圣人孔子来说,据我们所知,他是犯过一些错误的。例如孔子的贤弟子澹台灭明,字子羽,因为貌丑,孔子就认为他没有才干,不想收他做学生。后来,孔子发现了澹台灭明的卓越才能之后,检讨说:"以貌取人,失之子羽。"孔子的另一高足宰予,仅仅因为有一次在白天睡觉,孔子就大发脾气,骂曰:"朽木不可雕也,粪土之墙不可圬也。"也就是说,不可救药了。显然,这个批评是不恰当的。

例三:

> 如果人人都会犯错误,那么圣人也会犯错误。
> 事实上人人都会犯错误,
> 所以,圣人也会犯错误。

这个推理又比例二复杂一些。它的第一句话是个假设:"如果人人都会犯错误,那么圣人也会犯错误";第二句话肯定了"人人都会犯错误"这个公认的事实。所以同样可以推出:"圣人也会犯错误。"

当然还有更为复杂的推理,只是我们用不着烦琐地举例了,因为在这里,我们只是想回答"什么是推理?"如果能够说明推理是从已知推出新知的认知过程,那就足够了。其他问题留待后面再说。

二、推理模式

推理是人类认知的重要方式。人类正是通过推理获得了关于自然界、人类社会乃至人类自身的大量知识,创造了高度发展的社会文明和无与伦比的物质、文化生活。我们知道,实践是检验真理的标准,人类的观察、实验和调查研究是重要的认知方式。可是我们也知道,人们在观察、实验和调查研究的过程中,几乎每时每刻都在推理。这就是说,即使在实践检验真理的过程中也离不开推理。离开推理的实践,其认知作用是微不足道的。

人类在长期的实际推理过程中,逐渐形成了各种各样的推理模式,深刻地熔铸于世代相传的基因之中。有了这些模式,我们就可以有效地进行推理,获得我们所需要的各种知识。

既然人人都会推理,懂得推理是从已知推出新知的认知方式,那么它的基本模式就应当是最简单不过的。推理的基本模式就是:

$$\frac{A}{\text{所以 } B}$$

模式中的 A 称为前提,代表已知的知识;B 称为结论,代表新知识;"所以"表示推出,即从已知推出新知。比如前面的例一:"人人都会犯错误"就是前提,记为 A;"并非有人不会犯错误"就是结论,记为

B。这里的"所以"非常重要,它表示从前提可以"逻辑地"推出结论。如果没有"所以",前提和结论是不能够联结在一起的;也就是说,不能构成推理。

为了书写方便,我们可以把上面的竖式改写成为下面的横式:

$$A,所以\ B$$

我们所说的"推理模式",在逻辑教科书中叫作"推理公式"或"推理形式"。有不少朋友说,他们不喜欢逻辑书中的那些符号公式,看了就让人心烦。其实,符号公式未必不好。比如说,"二加二等于四"这句话,我们写成:$2+2=4$,意思更加明确,看起来更加醒目,写起来更加简单,它有什么不好? 不过话得说回来,过多的乃至满纸的符号公式,除了专业工作者或逻辑爱好者,确实有些叫人不想读下去。因此在这里,我们确立一条原则:如果不是不得已,就不用公式。这样做,也就是想让大家读起来觉得轻松一些。当然,这也是说,如果在必需的时候,我们还是要使用公式的。

前面例二和例三的推理,都有两个前提。它们的前提 A 不妨写成 A_1 和 A_2。如果有更多的前提,我们可以写成: $A_1,A_2,\cdots,A_n$(n 表示任一个数)。这样,推理模式可以记为:

$$A_1,A_2,\cdots\cdots,A_n,所以\ B$$

这种多前提的推理,我们可以把 A 看成一个集合。写成:

$$A=\{A_1,A_2,\cdots\cdots,A_n\}$$

这样一来,推理的基本模式仍然是:A,所以 B。

据我们所知,高中数学课讲到过集合的理论,那我们说"多前提是一个前提的集合",大概不会给读者增加多少负担吧!

前面三个例子,分别属于三种不同的推理模式。例一的推理模式,可以记为下面的公式:

所有 S 是 P,所以并非有 S 不是 P

"所有 S 是 P"为前提 A,"并非有 S 不是 P"为结论 B。在例一中,S 表示"人","人人"就是指"所有人"(所有 S),P 表示"会犯错误";"所有 S 是 P"即"人人都会犯错误"。——这里说的是前提。"有 S 不是 P"表示"有人不会犯错误";"并非有 S 不是 P"的意思是说:"有人不会犯错误"这个说法是假的,也就是"并非有人不会犯错误"。——这里说的是结论。前提和结论通过"所以"联结起来。

从这个模式看来,如果前提真实,那么例一的结论就是正确无误的。

例二的推理模式是三段论,例三为假言推理。它们的推理模式,因为后面有详细的解说,这里就不必讨论了。

三、日常推理

我们说,人类的推理能力是天生的,这也就是说,早在人的婴幼儿时期就有了推理行为。读者如果不相信,不妨实际考察一番。

笔者曾经观察和记录过孙女儿吟吟小时候的一些推理,觉得饶

有趣味,抄录几则如下:

吟吟一岁多,上小托班。时值寒冬,每天早晨吃过早饭,由奶奶为她披上披风,然后送到小托班去。几天之后,每当奶奶为她披上披风时,她就哭。因为她心里明白:奶奶要送她上小托班了,而这是她最不情愿的事情。在吟吟幼小的心灵里,她应该是这样推理的:披上披风就要去小托班,现在奶奶给她披上了披风,那不就是要上小托班吗?她不会说话,只能用哭来表示自己不情愿的心态。要知道吟吟的这一推理,还是个演绎推理哩!

一位心理学家说,儿童在一岁半或两岁至四岁的时候,为象征思维和概念前思维阶段。如果说象征思维是指婴幼儿有意识地用一粒小石子代表一粒糖,概念前思维则是把不同客体互相混同,通过类比进行推理,那么吟吟出色地表现了这方面的智慧。她用小纸盒代表洗衣盆,模仿大人们的洗衣操作,用几样玩具扮起家庭主妇,煮饭烧菜,招待客人,其中自然不乏类比推理。

吟吟学会说话以后,小脑袋瓜活跃得很。一天晚上,吟吟陪着爷爷奶奶散步时,她说:"小羊为什么要吃草呢?因为它饿了。小白兔为什么蹦蹦跳跳呢?因为它快乐。小飞机为什么会飞呢?因为它要到天上找小朋友玩。"这一连串充满童趣的自问自答,不是演绎推理又是什么呢?

有一次,吟吟宣布她有一个重要发现:"每一个女人旁边都有一个男人。"大家问她为什么,她说:"妈妈旁边有爸爸,婶婶旁边有叔叔,奶奶旁边有爷爷。我说的不对吗?"这可是一个典型的归纳推理啊！

　　小女孩吟吟的这些推理，充满了儿童情趣。不管这些推理的内容正确与否，它们都是从已知推出新知，反映了孩子的认知过程。

　　如果说幼儿吟吟的几个推理还比较简单的话，那么约翰尼——一个比吟吟稍大一些的孩子，他的一个推理就不那么简单了。请看：

　　澳大利亚有个 5 岁小男孩，叫约翰尼，他的大孩子朋友们拿出两枚硬币——外形大的是 1 澳元，外形小的是 2 澳元——任他挑选，告诉他："想要哪一个，你可以拿去。"约翰尼拿走一枚外形大的硬币。从此朋友们都说他傻，只要想戏弄他，便会拿出两枚硬币，他总是拿走大的。有一天，一个大人告诉他："那枚大的硬币的面值只是小的一半，你应该拿那枚小的。"约翰尼说："是啊，我知道这个，但是我拿了那枚小的，他们还会让我挑选几次呢？"

　　约翰尼很聪明，聪明得出乎大人们的意料。约翰尼拿走那枚大的硬币，显然有他自己的推理。那么我们要问：约翰尼用的是什么推理？他是怎么想到这样推理的呢？恐怕很多人回答不上来，甚至逻辑学工作者一时也未必能够说得清清楚楚。因为按照常规推理，聪明的约翰尼既然知道面值的大小，他当然而且只会拿面值大的硬币。可是相反，他偏偏拿了那枚面值小而外形大的硬币，因为这样，他就可以一次次地拿走一枚硬币。显然，约翰尼的推理超越了人们的常规思维。

　　至于成人的推理自然更为复杂。因为成人们有着丰富的生活经验，许多推理都是在不言而喻的情况下进行的，因而表达时即使话语很简单,推理却很复杂。

比如有人走进一个机关单位,经常听到的第一句话就是:"找谁?"随后要你填写一张单子。这里面就有一连串的推理:

对于说话人来说,他知道不认识的人到机关来,一般都是找人;现在有个不认识的人进来了,所以他是找人的。问题只是不知道他找哪个人,于是问了一声"找谁?"按照机关规矩,凡是来找人的都必须填写会客单,他来找人,所以他必须填写这张单子,于是把单子递了过去。

对于听话的人来说,他去机关自然是为了办理某件事情,办事总得找人,当有人问他"找谁"的时候,于是他说出这个人的名字或职位。从对方递过来的会客单知道,他是需要填写这张单子的,于是他填写了单子。

仅仅两个字"找谁",就有这么多的推理。可想而知,在更为复杂的情况下,推理自然也就更加复杂了。

再看下面的例子:

1899年,爱因斯坦就读于苏黎世工业大学。一天,他向他的老师、数学家闵可夫斯基请教说:"一个人,比如我吧,究竟怎样才能在科学领域内、在人生道路上,留下自己的足迹,做出自己的贡献呢?"由于这个问题太复杂,老师表示要好好想一想。三天后,老师拉着爱因斯坦走到一个建筑工地,径直踏上刚刚铺平的水泥路面。在工人们的呵斥声中,爱因斯坦不解地问:"老师,您这不是领我误入'歧途'吗?"老师说:"看到了吗? 只有尚未凝固的水泥路面才能留下脚印。那些被无数脚步走过的地方,你别想再踩出脚印来。"爱因斯坦沉思良久,点了点头。

这个故事涉及一系列复杂的推理。比如,爱因斯坦为什么向老师提出这样的问题? 他必定有过许多想法;老师表示要"好好想一想",在此后的三天里,老师不会想得太少;踏过尚未凝固的水泥路面,爱因斯坦听了老师的话,"沉思良久",然后点点头,他到底"沉思"了一些什么。还有,我们听过这个故事之后,肯定也会有很多感想。这些思考,自然都是推理。

至于这些推理的模式和内容是什么,我们无意讨论下去。因为在这里,我们只是想说明日常生活中推理的复杂性,并不需要分析每一个推理。如果读者试图分析这些推理,那么我们想,还是给读者留下这个思考的空间吧!

从前面的日常推理实例不难看出,人们的日常推理极其丰富多彩,远不是逻辑教科书上的推理知识所能说明得了的。

在我们看来,日常推理至少有三个明显的特征:一是不拘一格,二是在特定的情境中推理,三是结论通常具有或然性。

（一）不拘一格

逻辑教科书中讲"推理",那是为了教学,重在说明推理的理论,所以推理模式十分完整:前提和结论分得清清楚楚;前提在前,结论在后;如果有大小前提,也是大前提在前,小前提在后,井然有序。可是日常推理就不同了。日常推理是实践的推理,它没有必要受这些框框条条的束缚。如果是为了交际,那么无论说话人或者听话人,都不会喜欢啰唆重复,能省略的地方尽可能地省略,以便取得良好的交际效果。

小女孩吟吟说:"小羊为什么要吃草呢?因为它饿了。"从推理理论上说,这是一个假言推理,模式是:

$$如果\ p,那么\ q;p,所以\ q$$

按照推理模式,吟吟应该说成:

> 如果小羊饿了,那么小羊要吃草。
>
> 小羊饿了,
>
> 所以,小羊要吃草。

吟吟不知道这个推理模式,即使知道,她也不会这样说的。因为这样说非常啰唆,即使她愿意说,人们愿意听吗?

吟吟的表达简明扼要、生动活泼。她省略了不言而喻的大前提:"如果小羊饿了,那么小羊要吃草",还把小前提和结论在次序上颠倒了过来。这个推理中没有"所以"的字样,但有"因为"。"所以"表示结论,"因为"表示前提,说话人为了强调结论,所以把结论提前,把前提放在后面,用"因为"表示出来。说话人采用了设问句,自问自答,仍然表示强调,而且使句法活泼起来。小孩子也会修辞,因为人的修辞能力同推理能力一样,也是与生俱来的。

吟吟的这一推理,体现了日常推理的一个重要特征:不拘一格。日常推理是非常自由的。

有的逻辑教科书说,思维和语言不可分割。语言是思维的存在形式,没有思维便没有语言;同样,没有语言也没有思维。可是心理学家的最新研究表明,语言并不是思维唯一的载体,比如艺术家们的形象思维,在很大程度上同语言没有什么关系。小女孩吟吟在还没有学会说话的时候,从奶奶给她披上披风推出了要上小托班,她既没有说出前提,也没有说出结论。吟吟的推理,大概不属于应用语言的思维吧。事实上,人们的日常推理并非一定要使用语言。人们常说"可以意会而不可言传",其中就有非语言的推理,或者存在无法用语言表达出来的前提或结论。

其实,没有语言的推理是不难理解的。例如,有一条小狗,每天都陪着主人散步。晚饭以后,小狗看到主人穿好大衣、戴上帽子、拿起手杖的时候,便衔着主人的衣角往门外走去。这便是小狗的推理。显然,小狗的推理是用不上人类语言的。

(二)在特定的情境中推理

日常推理总是在特定的情境中进行的,而教科书上的推理经过抽象,完全脱离了具体情境,这是两者的重要区别之一。日常推理不拘一格,在很多情况下是与推理情境相关的。比如前述爱因斯坦的推理,在那个特定的情境中,他点了点头,表示懂得了老师的用心,所以连结论也不必说出来了。

日常推理的情境,包括一系列情境因素,诸如时间、地点、人物、事件,以及相关的文化背景等。这些情境因素对于推理结果来说,往往具有极为重要的作用。

值得注意的是,推理的情境总是不断变动甚至瞬息万变的。因此,推理者必须密切关注情境的动态过程,以便利用变动的情境因素推出自己所需要的结论。

古希腊哲学家阿那克西米尼,出生于中亚的莱普沙克斯。他曾经跟随亚历山大大帝远征。有一次,军队占领了莱普沙克斯,他怀着对家乡的深厚感情,决心拯救家乡,使它免遭屠戮,并且想好了说服亚历山大的方法。可是当他见到亚历山大时,对方已经知道他的来意,未等他开口便说:"我对天发誓,绝不同意你的请求。"面对情境的重大变化,聪明的阿那克西米尼当然不可能按照原来的计划来说服亚历山大了,而是提出了一个完全相反的请求,他说:"陛下,我请求您下命令毁掉莱普沙克斯。"因为国王说话是不能反悔的,既然"绝不同意"阿那克西米尼的请求,那就只能是不毁掉莱普沙克斯了。这位哲学家巧妙地利用动态情境进行推理,终于使家乡避免了一场巨大的灾难。

如果说阿那克西米尼是利用动态情境进行了成功推理的话,那么下面就是没有考虑到情境变化,因而推理失败的例子。

有一个乞丐无意中发现一只可爱的小狗,便把它带回住处。这是一条纯种名犬,主人是当地的富翁。富翁登出寻狗启事,答应给送回小狗的人酬金两万元。乞丐很兴奋,抱着小狗去领酬金,可是他发现启事上的酬金涨到了三万元,乞丐推测酬金还会上涨,再过几天,自己也成为富翁了,于是又把小狗抱了回来。果然酬金每天上涨一万元,直到第七天,乞丐决定去领酬金了,可是当他回到住处来抱小狗时,却发现小狗已经死了。面对这个变化了的情境,我们和这个乞丐还能推出什么样的结论呢?结论只能是:乞丐还是乞丐,没有变成富翁。

(三)结论通常具有或然性

推理结论的"或然性",意思是说从前提推出来的结论不是必然得出的,或者说,结论不是必然为真。说到底,就是结论可真可假,并不是那么可靠。

推理中的归纳和类比,其结论的或然性是明显的。例如前面说到的小女孩吟吟的归纳推理。她说她发现"所有女人旁边都有一个男人",根据是:妈妈旁边有爸爸,姐姐旁边有叔叔,奶奶旁边有爷爷。这个推理的结论并不正确,因为还有单身的女人和男人,她(他)们的旁边就没有一个相应的男人或女人。至于类比推理,其结论同样是不大可靠的。例如孩子们做游戏把石头当作糖果,只是因为它们在形象上相类似,但如果从糖果很甜推出石头也很甜,那就错了。

至于演绎推理,如果前提真实、无遗漏,而且模式无误,那么推出的结论必然是正确的。可是在日常推理中,由于推理情境极其复杂,前提的真实性和完全性很难保证,因而结论通常也只能是或然而非必然的。比如小女孩吟吟关于披披风的推理,从实际情况看,结论确实是正确的,然而这并不排除结论失误的可能性。比如说吃过早饭以后,奶奶为她披上披风不是送她上小托班,而是走亲戚或者逛公园,那么吟吟的啼哭就"哭"错了。吟吟那几个"因为"的演绎推理,前提和结论之间也并非都具有必然性联系。

日常推理的三大特征,最明显的是不拘一格,但是最本质的特征则是在特定情境中推理。至于结论通常是或然而非必然的,它提醒人们在推理的过程中,不要迷信结论的可靠性,不要轻易说:"我的观点绝对正确。"

第二节　人　　生

一、人生无草稿

什么是人生?人生是指人的生命历程。说得具体一些,人生指的是一个人在一定的社会关系中生存和活动的过程。这一过程,就是我们每个人到了老年时可一页一页地翻阅的历史。

"人生无草稿",意味着人生的文章只能一气呵成,下语如铸。人们可能会想:如果上帝给了人生的稿纸,让我们先打个草稿,然后誊清,那该多好!可是不成啊,上帝就是那么吝啬!因此,我们唯一的办法只能是:慎重推理,走好人生的每一步。如果这样,即使不打草稿,我们也能够谱写出辉煌壮丽的人生乐章,不会因为虚度年华而痛苦悔恨。

"人生是一次买不到回程车票的旅行。""开弓没有回头箭。"说的都是同一个道理。我们应当珍视人生，让人生如歌、如诗、如画。

有一篇《你不能只为别人鼓掌》的文章说：

某甲和某乙都是某县文工团的演员。甲常对乙说，现今的时代，如果没有很多朋友相助，完全靠个人单打独斗是不会取得成功的。县城偶尔有中央、省、市的名演员来演出，甲总是坐在前排拼命地鼓掌，有时还站起来夸张地狂叫、吹口哨，以引起明星们的注意。演出结束，甲轻松地得到与明星合影的机会。他把这些照片挂在办公室和居室的墙上，或者赠送给亲戚朋友。当地很多人都知道甲在文艺界有许多明星朋友，是个人物。这样的生活一直持续了10多年。

这期间，乙很少有应酬，总是读书、练唱、研究当地民歌，还常到民间采风。后来他参加中央电视台歌曲大奖赛，得了二等奖。又到《艺术人生》亮过相，一时间红遍了全国。

当乙衣锦还乡，到本县演出时，甲仍然坐在前排，只是没有鼓掌，也没有与乙合影。那天晚上，他一直趴在窗前，望着满天星星默默地流泪……

由于某甲在为别人鼓掌时没有想想自己如何赢得掌声，以致蹉跎10多年的人生岁月。当某乙取得成功之后，某甲望着星星流泪，此刻他多么希望这只是人生的草稿！可惜不是。

捷克影片《深蓝世界》的一个情节，却展示了另一种人生境界：

第二次世界大战结束了，男主角历劫归来，他去看未婚妻。先看到的是他寄养的爱犬，与那爱犬相拥；接着看到正在晾衣服的未婚妻，她已成少妇，见到他时吓了一跳，说早听说他死在了战场。男主角明白了一切，背起沉重的背包转身离开，爱犬跟随在他的后面。这时候，坐在篱笆旁边的一个小女孩喊道："那是我的狗。"男主角愣住了，先问那个小女孩的名字，然后对爱犬说："不要跟着我，留下来。"

这个情节使我们震撼：由于战争的原因，主人公失去了未婚妻，甚至连爱犬也失去了。他一无所有，然而正是伟大的"爱"使得他竟然如此豁达。人生无草稿，他写下了无须修改的"无悔人生"。

"人生无草稿"告诉我们，应当采取积极的人生态度，从而在激烈的社会竞争中赢得胜利。

古希腊有这样一个故事：

母亲交给儿子一把剑，要他习剑。儿子练了一会儿，发现剑太短了，要求换一把长剑。母亲说："不，孩子，短剑，你跨前一步，剑就变得长了，照样可以击中目标。"

母亲的推理是正确的。当你向前跨进一步，短剑就能像长剑一样接近目标，而且这是主动的进攻。至于持长剑的人，他可能因为自己的条件优越于对方而轻敌，以致失去进攻时机而落败。

有一句谚语说："如果你想翻墙，先把帽子扔过去。"这时候，你已经别无选择，只能想方设法翻过墙去。著名运动员布勃卡，曾经35次创造撑杆跳的世界纪录。当记者问他"成功的秘诀"时，布勃卡说："很简单，在每次起跳前，我都把心先'摔'过横杆。"是啊！在激烈的社会竞争中，正如诗人但丁在《神曲》中所写的那样："这里必须根绝一切犹豫;这里任何怯懦都无济于事。"

"人生无草稿",我们每个人都应当脚踏实地,一步一个脚印,勇敢而坚定地走向美好的未来。

人生的道路漫长。敢问路在何方? 路在脚下!

二、人生开关

一位哲人说过,人生路上有很多开关,可能把人带进黑暗和光明两种境界。这样的人生开关,不是别的,就是活跃在自己头脑中的推理,特别是在人生道路上那些关键时刻的推理。

有一位农村青年考上了大学,却凑不够学费。矿上的张叔了解这个情况后,安排他到矿上收柴,只要过磅记数,就能领到工资。同村的大毛对他说:"给我多记点,我拿了钱分你一半。"青年有些心动,回去告诉母亲,母亲坚决以为不可,所以他没有理睬大毛。那年夏天,他挣够了上学的钱,踏进那心仪已久的大学校园。有一次他回家探亲,见到张叔,说起这件事情,张叔说:"幸亏你没有作假,我可是被抽检过好多次的!"

这位青年在钱的诱惑下有些"心动",说明他有两个互相矛盾的推理:一个结论是采纳大毛的提议,另一个是否定的。好在母亲的推理正确,他终于在这十字路口正确地拨动了人生开关。如果他错拨了开关,此后的人生道路将会怎么样? 推想起来,真有些令人不寒而栗。

一位名医为女病人开刀,他诊断这位病人的子宫里长了肿瘤。

可是名医也有误诊的时候，下刀之后，豆大的汗珠就冒上了他的额头：子宫里长的不是肿瘤，而是个胎儿！名医陷入了痛苦的挣扎：要么硬把胎儿拿掉，然后告诉家属，摘除肿瘤的手术很成功；要么立即把开刀口缝上，说出事情的真相。

在经历了艰难的二难推理之后，他揿动了人生开关。待病人苏醒之后，他说："对不起，太太，请原谅，是我看走了眼，你只是怀了孕，并没有长肿瘤。所幸及时发现，孩子安好，你一定会生下一个可爱的小宝宝。"

病人和家属全惊呆了。病人家属突然冲了上去，抓住名医的衣领吼道："你这个庸医，什么东西！"

事后有位朋友问："你为什么不将错就错？又有谁知道！"名医淡淡一笑："可是我知道。"

是呀，对于这位名医来说，"可是我知道"这个理由就已经足够了。

还有一个动人心魄的故事：

第二次世界大战期间，一个酷爱篮球运动的德国纳粹军官对一群战俘说，只要把一只篮球投进篮内，你就可以获释；反之，就地枪决。战俘中有一名篮球运动员，目睹一些同伴被枪决后，很镇定地把篮球投进篮内。德国军官说："你可以走了，但这里还有十几个人，你可以代他们投篮。如果全部命中，可以释放他们，但如有一次不中，那你们都得死。"那名战俘脸上的肌肉抽动了一下，点头同意了。在人们期盼的目光中，他一下一下地把篮球投进篮里。只是最后一次，篮球在铁圈的边沿上转动了几下，人群中发出绝望的叫声，但篮球还是滚进了篮里。同伴们获救了，他看着自己的手在发抖。

这三个故事的主人公都在重要时刻正确地揿动了人生开关，只是他们的思想境界有所不同。第一例的青年人还是出于自身利益而没有违规，属于"小我"境界；第二例的医生超越了自我，不顾惜"名医"的名誉去维护真理，属于"大我"境界；第三例的那名战俘，拿生命为他人一搏，则属于"无我"境界。

人的一生要经历无数次的人生选择，我们不能保证每一次推理都是正确的，但是在人生的关键时刻，其推理最好是正确无误的，否则将会遗恨终生。

然而，事情远不是这么简单。在某些情况下，人生的关键时刻只是刹那的瞬间，推理者哪有时间深思熟虑？"一失足成千古恨"，在瞬间错揿了人生开关的例子还少吗？比如腐败、吸毒、赌博、杀人、抢劫以及婚外恋之类，往往"第一次"就发生在那么个鬼使神差的"瞬间"，最终酿成了人间悲剧。

值得注意的是，有时候错揿了人生开关，而慈悲的上帝却给了你"再揿一次"的机会。这个时候，如果你能够进行正确推理，比如说"改弦易辙"、痛改前非，仍有可能进入"大我"或者"无我"的境界，哪怕是"小我"境界也是可取的。所谓"止恶扬善"，"亡羊补牢，未为晚也"。

在人生的关键时刻，能否正确地揿动人生开关，通常取决于你平时的"修炼"程度。人生修炼包括两个密切相关的内容：一是人格心理和道德品质的修炼，另一就是逻辑素养的修炼。也就是说，在揿动人生开关的时候，正确的推理操作是不可缺少的，而正确的推理操作又有赖于平时各方面的修炼,光靠"与生俱来"的那点推理本领是远远不够的。

第三节　学点推理功夫

一、"文功"与武功

如果说我们把武术功夫叫作"武功",那么不妨把逻辑推理称为"文功"。对于我们每个人来说,可以不学武功,但是应当学会"文功"。

一位青年朋友对我说:"逻辑是不需要学的。那些农民企业家没有学过逻辑,他们不是都发了大财吗?"逻辑就是研究推理的,也就是说,人人都会推理,还要学什么"推理"呢?

实际上,持类似观点的远不止我这位朋友。即使在校的大学生,也有不少人仅仅是为了完成学分而学习逻辑的。

我们必须令人信服地回答以上的问题,才会唤起人们对于学习"文功"的自觉性。但这是全书的任务,绝非在这里几句话就能够说得清楚的。

我们不妨先讲两个学习武功的小故事,帮助大家理解学习"文功"的道理。

故事之一:

一位战斗英雄复员回乡。在乡亲们的欢迎会上,有人要这位英雄表演一套武功,他说不会。乡亲们大为惊讶:"难道你没有学过武功吗?"他说学过,忘了。大家就更为惊讶了:"你把武功忘了,怎么立了那么多大功呢?"他说:"当你面对敌人的时候,如果想着哪招哪式,那早就被对方打死了。"

我相信这位战斗英雄说的是大实话。他的意思是说,他学过武功,只是忘记了武功的套路。在实战中,这些套路并不重要;恰好相反,如果老是想着套路,那是一定赢不了对方的。

这个故事同我们学习推理颇有些相像。我有个在班上逻辑学得最好的学生,一年后对我说:"老师,真对不起,我把学过的逻辑全忘了。"我也曾问过一位教学颇受欢迎的年轻逻辑教师:"你在思考问题的时候,是不是想过用什么推理?"他摇摇头说:"没有想过。"那位英雄忘记了武功的套路,并不意味着在实战中武功无用。学武功如此,学"文功"也是这样。

故事之二:

金庸小说《飞狐外传》开头就说了这样一个故事:飞马镖局押送30万两镖银,在商家堡遇上了劫镖的强盗阎基。那阎基翻来覆去只会那么不像样的十几招,而号称"神拳无敌"的镖头马行空竟然战他不下,结果反而被他打败了。据书中透露:阎基原来是个乡村医生,并没有系统地学过武功,他那十几招是从偷来的胡一刀大侠两页拳经刀谱中自己揣摩到的。

读者可能会说,这个故事是金庸虚构的,并不真实。诚然如此。不过对我们来说,这一点并不重要。因为艺术真实也是一种真实——一个可能世界,我们的用意并不在于考察故事的真假,而是要通过故事来说明推理上的一些道理。

其实,我们每个人生来就会推理,就像没有学过武功的人都会打架一样。有时候,我们"悟"出了几手"绝招"(也许从哪里受到启发),倒也行之有效,甚至可以帮助我们在激烈的竞争中取得事业的成功。但是,这并不意味着学习推理没有作用。阎基虽然赢了马行空,可还是被商老太婆用八卦刀法打败了。商老太婆饶他一命,但是喝令他削发为僧,今后不得再在黑道上厮混。他就是《雪山飞狐》中的那个宝树和尚。

这两则故事告诉我们,推理犹如武功,学与不学并不一样。人们天生地会打架,但是只有系统地学习武术,才会有精湛的武功,虽然并非必然地战无不胜。与此相类似,人们的推理能力也是与生俱来的,如果系统地学习推理知识,就会完善自己的"文功",虽然并非必然地成为最聪明的人。

可是有人会说,许多人,比如诸葛亮——中国古代聪明人的代表,他大概没有系统地学过推理知识,可是推理能力却达到了登峰造极的地步。这也许就是一些人无意学习推理知识的理由吧!

事实可能就是这样,然而时代不同了,结论也应该有所不同。从前,推理知识没有得到系统的研究(西方逻辑还没有传到中国),诸葛亮只能依靠他那天才的"悟"创造了推理的奇迹。而如今的情况是:前人已经为我们总结了系统的推理理论,我们为什么不去充分利用这些知识来提高自己的推理能力,而仍然依靠那种仅仅建立在经验基础上的"悟"呢？如果站在巨人的肩膀上，那不是比巨人还要高吗？因此，我们今天说"擅长推理"，应当包括更多的推理知识含量，而不仅仅是"悟"。

日常生活中的许多推理，哪怕是小孩子的推理，往往都很复杂，逻辑教科书上并没有讲到。本书就是从日常推理出发，讲一些不同于逻辑教科书的推理知识，希望它能够切实有效地给读者们一些帮助。

二、多想出智慧

如果说真有人生秘诀的话，我想大概就是一个字——"想"。如果需要多说一些，那就是"想想""想一想""再想一想"。这个"想"字，就是思考，就是推理。

南京江岸燕子矶石崖险峻，厌世者常常选择这儿告别人间。教育家陶行知先生创办的晓庄师范学校就在燕子矶附近。有一天，听说燕子矶下又有一个女青年自杀，他为此极感不安，于是找来两块木牌，写了几句话立在燕子矶上。一块木牌写了"想一想"三个大字，下边写了几行小字："人生为一大事来，当做一件大事去。你年富力强，有国当救，有民当爱，岂可轻生？"另一块则写"死不得"三个大字，下写："死有重于泰山，或轻于鸿毛，与其投江而死，何如从事乡村教育，为中国三万万四千万同胞努力而死！"此后，不少来这儿打算自杀的人看到木牌，停下了投江的脚步。

　　一个濒临绝境的人,如果"想一想",按照陶行知先生的提示推理,是可以改变人生命运的。

　　人们常说:"多想出智慧。"所谓"智慧"就是擅长推理。有人说,今天的世界不是有钱人的世界,也不是有权人的世界,而是有心人的世界。这"有心人"就是善于思考的人,也就是擅长推理的人。

　　一篇题为《由于多想了几步》的文章说:

　　爱若和布若差不多同时受雇于一家超级市场,都从最底层干起。可是不久,爱若一再被提升,直到部门经理,而布若还在底层。终于有一天,布若愤怒了,他指责总经理用人不公平。总经理觉得这小伙子工作肯吃苦,但似乎缺少点什么。他忽然有了个主意,于是对布若说:"请你到集市去,看看今天有什么卖的。"布若很快回来说:"只有一个农民拉了一车土豆。""大约多少土豆?"总经理问。布若又跑去,回来说有10袋。"价格多少?"布若再次跑到集上。总经理说:"休息一会吧!你可以看看爱若是怎么做的。"爱若从集市回来说,集市上只有一个农民卖土豆,有10袋,质量很好,价格适中,他带回了几个样品。爱若又说,这个农民还要弄几筐西红柿上市,价格比较公道,他认为可以进一些货。所以爱若不仅带回了样品,还把那个农民也带来了。这个农民正在外面等候总经理的回话哩!

　　爱若由于多想了几步,所以在事业上比布若成功。

　　下面再说两个故事,进一步讨论如何"多想出智慧"。

　　故事之一:

　　"功夫之王"李小龙的武功十分了得,可是有谁知道他竟然是个有先天缺陷的人呢！

李小龙从小就是近视眼，而且两条腿不一样长：右腿比左腿短5厘米。这样的条件可不是练武的"料"，然而李小龙却以他独特的推理，练就了独特的武功。

所谓"眼观六路，耳听八方"，近视眼怎么练武？他说他从咏春拳练起，因为咏春拳最适合贴身打斗，近视眼并无妨碍。那么两条腿长短不一怎么办呢？他用较长的左腿专练远踢、高踢，犹如狂风扫落叶，得心应手；用较短的右腿专练短促的阻击性、隐蔽性的踢法，近身发脚如发炮，威力无穷。李小龙两条腿长短不一，使他摆出的格斗姿势优美别致，加上他独特的武术套路，竟然形成了一门武术流派。

故事之二：

当年，人们发现石油有巨大的用途，可是怎么样才能把石油从地底下采集上来呢？美国人德瑞克动过许多脑筋，一无所获。有一天，德瑞克听到一个农夫抱怨说，他刚刚打好的水井里渗入了可恶的石油，弄得水井无法使用。德瑞克突然脑筋一转：这不正是采集石油的好办法吗？他想，只要用打水井的方法，钻出一口井，就能像抽水一样，把石油源源不断地抽取上来。于是他在宾夕法尼亚州，成功地打出了世界上第一口油井。

无论是李小龙或者德瑞克，他们都是擅长推理的人。李小龙正确地分析了自己的优势和劣势，扬长"利"短，变被动为主动，终于成就了一代"功夫之王"。德瑞克从他偶然听到的事情中得到启发，发明了钻井取石油的方法，一直沿用至今。他们都是"多想出智慧"的受益者。

"多想出智慧"的"想"不是胡思乱想,而是合乎逻辑地推理。比如李小龙的推理,他首先建立情境假设:如果贴身打斗,近视眼并无妨碍。然后应用情境选择,从几种可能的拳术中选择了咏春拳,取得了理想的效果。他的假设用的是"如果"推理,选择用的是"或者"推理。李小龙的第二个推理是一个比较复杂的"如果"推理。德瑞克应用的主要是通过联想的类比推理。

"多想出智慧",应当通过"多想",获得超越别人的智慧,从而创造出人生的辉煌业绩。

据我数十年的推理经验,总结了下面这样一句话:

> 别人思考的终点是自己思考的起点;自己以往思考的终点是现在思考的起点。

我把这句话许多次应用于自己的学术研究和人生思考,收益颇丰。建议读者们不妨试试。

学点推理功夫,应当从推理的常用模式学起。在下一章,我们将从日常推理出发,夹叙夹议地介绍这些模式。其内容可以说是传统逻辑教科书的"缩写",简单明白,读起来不需要花费多大的气力。这一章是专为没有学过逻辑的读者设立的。不过,由于其内容并不是逻辑教科书的简单重复,学过逻辑的读者也不妨一读,我敢断定:你一定会有新的收获。

第二章　常用推理模式

第一节　归纳和类比

一、类比推理

类比推理是人们最常用也是最简单的一种推理,所以我们就从类比推理的模式说起。

《福尔摩斯探案全集》的作者柯南道尔,曾经当过一段时间的杂志编辑,经常处理退稿。有一天,他收到一位青年作者的来信,说柯南道尔没有把他的小说看完就退了回去,这是不道德的行为。这个青年说:"我特意把几页稿纸黏在一起,可您并没有把这几页纸拆开看过。"

柯南道尔回信说:"如果你用餐时,盘子里放着一只鸡蛋,为了证明这只鸡蛋已经发臭,您大可不必一定把它吃完。"

柯南道尔使用的就是类比推理。

类比推理是一种相似性的联想推理,它根据两事物之间具有某

些相似的属性,推出在另一属性上也相似。其模式是:

$$A 相似 B, A_i, 所以 B_i$$

这个模式是说,A 事物与 B 事物相似,A 事物有某属性,可以推出 B 事物也有某属性。模式中的 i 代表事物的某个属性,A_i 表示 A 事物具有某属性,B_i 表示 B 事物也具有相似的某属性。

按照类比推理模式,柯南道尔的回信可以写成:

> 你的小说与臭鸡蛋相似(质量低劣、不受欢迎等)。
>
> 我们不必把一个臭鸡蛋吃完,
>
> 所以,我不必把你的小说看完。

柯南道尔的回信,就是人们常说的"打比方"。作为一种类比推理,他把质量低劣的小说比方为臭鸡蛋,不仅有道理而且很幽默,以至今天读到这个故事时,我们仍然忍俊不禁。

类比推理虽然简单,但它具有重要的认知作用。科学技术上的许多发明创造,最初就是通过类比提出来的。例如:

相传我国古代的鲁班师傅,有一次上山砍树,手指被丝茅草拉破。小小的草叶为什么如此锋利?他发现丝茅草的边缘有许多细齿,正是这些细齿拉破了他的手指。鲁班由此受到启发,在铁片的边缘上打造许多小齿,于是发明了沿用至今的锯子。

美国科学家们研究认为,美国加利福尼亚州与中国浙江省在气候、水文、土壤等自然条件上都很相似。浙江盛产柑橘,从而推出加利福尼亚也适宜于种植柑橘。结果引种成功。

飞机的发明,最初是从风筝得到启示的。人们看到比空气重的风筝依靠风力可以升空,于是模拟风筝制造出早期的飞行器。

类比推理是一种创造性的思维方法,人们通过联想,可以由此及彼,推导出很有认知价值的结论来。

然而,类比推理的结论只具有或然性,推出来的结论并不能保证都是必然为真的。例如地球与火星有许多相似之处:都是球体,都是太阳系的行星,等等。地球上有人类,于是人们推断火星上也有人类,即"火星人"。今天的科学已经证明:火星人并不存在。

因此,类比推理模式似乎这样表示更为合适:

$$A \text{ 相似 } B, A_i, \text{ 所以可能 } B_i$$

这一公式体现了类比推理的两个要点:一是两事物之间如果存在某些相似性,可以从 A 推出 B_i;二是"所以"之前加上"可能"二字,表示类比推理的结论只是或然而不是必然的。

我们应当记住类比推理这两个要点,注意它的局限性而慎重使用,避免把不相干的两件事情胡乱类比,或者把或然性的结论当成了必然性结论。

有个中国小男孩在看电视,看到屏幕上一个满头金发的小女孩,于是问妈妈:"那个小女孩的头发为什么是黄色的?"妈妈回答说:"她妈妈的头发是黄颜色的。"这个小男孩想了一想说:"妈妈不是外婆生的。"妈妈奇怪地问他为什么这样想,他说:"外婆头发是白的,妈妈头发是黑的。"

这个小男孩显然类比不当。由于小男孩不知道外婆的头发原来也是黑的,只是因为人老了,头发才由黑变白,因而错误地使用了类比推理。

如果说小男孩的类比不当不仅情有可原,而且让我们觉得他天真可爱,那么下面例子中那个妇人的类比推理就是理无可恕,令人不能容忍了。请看在菜市场里的一段对话:

妇人:这虾新鲜不新鲜?

卖虾老翁:新鲜的!你看,不是活着么?

妇人:可你也是活着的呀!

这个妇人把人老了看成"不新鲜",由此进行类比推理:活着的人有不新鲜的,所以活着的虾也可能不新鲜。由于"老人"与"不新鲜"在概念上毫不搭界,这个妇人的推理就不只是类比不当,更是恶语伤人,对老人进行人身攻击。真是:"是可忍也,孰不可忍也?"

二、归纳推理

中国国务院原副总理李岚清熟谙音乐,著有《李岚清音乐笔谈》一书,还在武汉大学等高校举办过《音乐·艺术·人生》的专题讲座。

他认为,高素质知识分子除了专业知识,还应当懂得审美,具有包括音乐在内的文化修养。李岚清举例说:"中国第一首小提琴曲的作者是谁?是地质学家李四光。他于1911年在巴黎创作了题为《行路难》的小提琴曲;别看'中国杂交水稻之父'袁隆平长得像农民,但他会拉小提琴,还公开表演过;爱因斯坦是小提琴家,'量子论专家'普朗克是钢琴家,他俩曾经同台表演;美国联邦储备委员会主席格林斯潘是音乐科班出身,年轻时在爵士乐队吹过萨克斯。因为赚不到钱,他才改学商业经济,最终成为美国的'经济沙皇'。"

李岚清的"举例"就是归纳推理。

归纳推理是这样一种推理:如果一类事物中的一些事物具有某种属性,由此可以推出这一类事物都具有这一属性。也就是说,归纳推理可以从个别事例推出一般性的结论。

归纳推理的模式是:

$$S_{1-n}是P,所以S是P$$

意思是说,如果S类中有n个S具有P属性,可以推出整个S类都具有P属性。

按照归纳推理模式,李岚清的推理可以写成:

李四光懂音乐;   (S_1是P)

袁隆平懂音乐;   (S_2是P)

爱因斯坦懂音乐;   (S_3是P)

普朗克懂音乐；   （S₄ 是 P）

格林斯潘懂音乐。   （S₅ 是 P）

他们都是高素质知识分子，

所以，高素质知识分子都懂音乐。   （S 是 P）

这个归纳推理就是通过李四光、袁隆平、爱因斯坦、普朗克和格林斯潘都懂音乐的事例，推出了"高素质知识分子都懂音乐"的一般性结论。

归纳推理也是比较简单而常用的推理，具有非常重要的认知意义。应用归纳推理，人们可以通过为数不多的事实认识到一些普遍性真理。例如：人们从孔子、亚里士多德、凯撒大帝、李白等许多人都犯过错误的事实，推出所有人都会犯错误；从金银铜铁锡都导电，推出所有金属都导电，等等。这些归纳推理的结论，都是对于客观事物规律性的认识。

归纳推理还有另一个重要作用，即为演绎推理提供大前提。比如演绎推理："人人都会犯错误。圣人是人，所以圣人会犯错误。"其大前提"人人都会犯错误"，就是由归纳推理提供的。比如说孔子会犯错误，亚里士多德会犯错误，恺撒会犯错误，李白会犯错误，等等。他们都是人，所以人人都会犯错误。从这个意义上，我们可以说，如果没有归纳，也就没有演绎。

归纳推理也称为简单枚举法，是从个别事例推出一般性结论的推理方法，由于归纳推理的前提没有穷尽这一类事物中的所有事物，如果出现反例，它的一般性结论就被推翻。也就是说，归纳推理的结论是或然而不是必然的。

例如,我们从金银铜铁锡是固体,可以推出金属都是固体。但这是错误归纳,因为水银就不是固体。水银是金属而不是固体,就是"金属都是固体"的反例。这样的错误归纳,我们叫作"轻率概括"或者"以偏概全"。

然而在日常生活中,归纳推理还有比较复杂的一面。例如:

人们见到天鹅、大雁、燕子、麻雀等鸟都会飞,根据归纳推理,可以推出"鸟会飞"的一般性结论。当人们知道鸵鸟不会飞时,"鸟会飞"的结论就被推翻了。我们可以说,"鸟会飞"的推理是错误归纳,犯了"以偏概全"或者"轻率概括"的错误。可是在知道鸵鸟不会飞的情况下,人们仍然说"鸟会飞",而不说"有的鸟会飞"。这是为什么呢?因为一般的鸟都会飞,在不言而喻的情况下不必强调"有的"二字。因此,我们又不必把"鸟会飞"判为"以偏概全"或"轻率概括"。

"鸟会飞"这句话可以解释为:一般地说,鸟会飞。这种"一般地说"的意思是:在归纳中容忍个别反例。这样的归纳,我们不妨称之为"宽容归纳"。

宽容归纳的"宽容",不仅适应于表达的需要,而且在认知上会使我们得到许多很有价值的判断,因此不必拘泥于个别反例。比如"月晕而风,础润而雨""善有善报,恶有恶报""大才必有大用""物以稀为贵"等,这些由经验归纳出来的谚语、警句,虽然都有可能出现反例,但不会影响它们真理性的价值。宽容归纳的这一层意思非常重要。

但是,"宽容归纳"并不"宽容"真正的"轻率概括"或"以偏概全"。比如改革之初,有人下乡做调查,见到村头几户人家盖了楼房,马上就跑回机关汇报说:"村里的农民都盖了楼房。"这样的归纳无法宽容,因为即使加上"一般地说",对于做调查研究来说,仍然是不能容许的。

有一次,笔者从上海坐火车回到杭州,在马路旁边等候出租车,等了不少时间没有等到。一个同样等车的上海旅客不满地说:"杭州的服务这么差!"大概出于对杭州的感情或者职业习惯,我就反驳说:"不能因为一件事就说杭州的服务不好。"这位上海旅客所犯的逻辑错误就是典型的"以偏概全"或"轻率概括"。其实,类似的错误许多人都曾经犯过,包括笔者,或许也包括读者您。您说是吗?

归纳推理和类比推理一样,是一把双刃剑,一方面具有很高的认知价值,一方面又容易让使用者犯"误可能为必然"的逻辑错误,即把结论的可能性当成了必然性。为此,我们也给前述归纳模式添上"可能"二字,即:

$$S_{1-n} \text{是 } P, \text{所以 } S \text{ 可能是 } P$$

这样既可以更贴近归纳推理反映事物情况的真实性,又能提醒使用者避免犯"以偏概全"或"轻率概括"的错误。不过这已经离开了传统的"要么真要么假"的二值逻辑,使用了"可能真"的第三值(类比推理的"可能"模式也是如此)。关于这一点,我们在以后的篇章中还有具体的讨论。

第二节　假言推理和选言推理

一、假言推理

　　假言推理、选言推理和三段论都属于演绎推理。按照传统的说法,演绎推理是一种必然性的推理,其前提和结论之间反映了事物情况的必然性联系。这也是演绎推理和归纳推理、类比推理的主要区别所在。

　　在传统逻辑看来,演绎推理的形式只有从前提必然地推出结论的才是正确式,否则都是错误式,或曰无效式。可是在日常推理中,从前提不能必然地推出结论的推理形式未必都是错误或无效的,它们可真可假,是一种"可能真"的形式。对于人们的认知来说,只要使用者不把它们看成必然为真,这些"可能真"形式还是具有积极的认知作用的。

　　因此,我们从日常推理的实际出发,把假言和选言推理以及三段论模式都分为必然式和可能式两种。在我们看来,如果是必然式,由前提推出结论是一个必然的认知过程。然而如前面所说,在人们的日常推理过程中,由于情境的复杂性,很难保证前提真实而且无遗漏,所以,即使推理模式为必然式,推理的结论通常也只具有或然的性质。这也就是说,必然式推理的结论未必就是必然为真的。至于可能式,其结论可真可假,亦即只具有或然性。

我们先讨论假言推理。

美国第 66 任国务卿赖斯,10 岁时随父母到华盛顿游览,却因为是黑人不能进入白宫参观。小赖斯倍感羞辱,凝望白宫良久,然后一字一顿地说:"总有一天,我会成为那房子的主人!"赖斯的父母很赞赏她的志向,教育她说,改善黑人状况的最好办法就是取得非凡的成就。如果你付出双倍努力,或许能赶上白人的一半;如果你付出四倍努力,就得以跟白人并驾齐驱;如果你付出八倍辛劳,就一定能赶在白人前头。

为了赶在白人前头,赖斯以"八倍的辛劳"发奋学习,积累知识,增长才干。她考进名校丹佛大学,拿到博士学位。26 岁时成了斯坦福大学最年轻的教授。她还获得过美国青少年钢琴大赛第一名,精心学习过网球、芭蕾、礼仪,等等。天道酬勤,她终于脱颖而出,一飞冲天,谱写了自己的人生传奇。

赖斯父母所说的三个"如果",在传统逻辑上叫作"假言判断"。以假言判断为前提的推理叫作"假言推理"。为了方便,我们可以直接称之为"如果"推理。

"如果"推理是一种情境假设,即在推理情境中给出一个"如果"前提,然后根据实际情况进行推理。其模式是:

$$如果\ p\ 那么\ q,p,所以\ q$$

模式中的 p 和 q 表示语句,也就是传统逻辑所说的"判断"(数理逻辑叫作"命题")。"如果,那么"是"如果"判断的语言标记;"所以"表示推出。

以情境假设的大前提"如果付出八倍的辛劳,就一定能赶在白人前头"进行推理,这个"如果"推理可以写成:

> 如果付出八倍辛劳,就一定能赶在白人前头。
>
> 赖斯付出了八倍辛劳,
>
> 所以,赖斯赶在白人前头。

这个从肯定前件 p 到肯定后件 q 的推理,是假言推理的典型模式。如果前提真实,那么结论必然是正确的,我们称之为"如果"推理的"必然式"。

"如果"推理的另一模式是:

$$如果 p 那么 q,非 q,所以非 p$$

例如:

> 如果你付出八倍辛劳,就一定能赶在白人前头。
>
> 你没有赶在白人前头,
>
> 所以,你没有付出八倍的辛劳。

这个从否定后件 q 到否定前件 p 的"如果"推理,也是必然式。

此外,"如果"推理还有两个模式,它们的结论不是必然为真的,

而只是可能为真,我们称之为"如果"推理的"可能式"。即:

> 如果 p 那么 q,q,所以可能 p
>
> 如果 p 那么 q,非 p,所以可能非 q

前者从肯定后件到肯定前件,后者从否定前件到否定后件,与前面两个必然式恰好相反。

例如:

> 如果是某甲作案,那么现场有某甲足迹。
>
> 现场有某甲足迹,
>
> 所以,可能是某甲作案。

这是个肯定后件式的"如果"推理,我们能够推出什么样的结论呢?如果断定就是某甲作案(p),那么有可能制造冤案,因为结论不是必然得出来的。如果推出"可能是某甲作案"(可能 p),那还是有一定道理的。事实上,公安人员在勘查现场时很容易得出这个结论,并且把某甲列为嫌疑对象,然后进行侦查,并根据侦查结果予以肯定或否定。这也就是说,对于肯定后件式的"如果"推理,不能必然地推出 p,只能推出"可能 p"。

不难看出,把传统逻辑所说的错误式或无效式看成"可能式",显然更具有认知的意义。

至于另一个模式——否定前件式的"如果"推理,也只能得出

"可能非 q"的结论。

假言推理除了"如果"推理,还有"只有"推理。

在逻辑上,"如果 p,那么 q"是充分条件的假言判断,"只有 P,才 q"是必要条件的假言判断。"充分条件"是指足够的条件,"如果 p 那么 q",p 是 q 的足够条件,有 p 就有 q。必要条件是指"少不了"的条件,"只有 p 才 q",p 是 q 少不了的条件,没有 p 便没有 q。以"如果 p 那么 q"为前提的推理叫作充分条件假言推理,亦即"如果"推理;以"只有 p 才 q"为前提的推理,叫作必要条件假言推理,我们叫它"只有"推理。

例如"只有通过考试,你才能毕业",是个"只有"判断。"只有,才"是"只有"判断的语言标记。以"只有"判断为前提的"只有"推理如:

只有通过考试,你才能毕业。

你没有通过考试,

所以,你不能毕业。

模式是:

只有 p 才 q,非 p,所以非 q

也可以这样推出:

只有通过考试,你才能毕业。

第二章
常用推理模式

你毕业了，

所以，你通过考试了。

模式为：

$$只有\ p\ 才\ q, q, 所以\ p$$

它们都是"只有"推理的必然式，前者为否定前件式，后者为肯定后件式。它们同"如果"推理的必然式恰好相反。

"只有"推理也有两个可能式，即：

$$只有\ p\ 才\ q, p, 所以可能\ q$$

$$只有\ p\ 才\ q, 非\ q, 所以可能非\ p$$

前者为肯定前件式，后者为否定后件式。它们同"只有"推理的两个必然式恰好相反。

通过以上讨论，如果我们细心一些，就可以发现这样的规律："如果"和"只有"的推理模式恰好相反。"如果"推理的必然式，对于"只有"推理来说恰恰是可能式；反之，"如果"推理的可能式却是"只有"推理的必然式。因此在逻辑上，"如果"称为蕴涵，"只有"称为反蕴涵。

假言推理的"蕴涵"和"反蕴涵"关系很微妙，也很有趣。请比较下面两个例子：

如果没有年满 18 岁，那么没有选举权。

你没有年满 18 岁，

所以,你没有选举权。

只有年满 18 岁,才有选举权。

你没有年满 18 岁,

所以,你没有选举权。

这两个推理都是正确的假言推理,前者是"如果"推理,后者为"只有"推理。两者的小前提和结论完全相同,区别仅仅在于大前提:前者是"如果没有……,那么没有……",后者为"只有……,才有……"。这就告诉我们,"只有 p,才 q"等值于"如果非 p,那么非 q"。

从这两个例子的比较来看,它们实际是同一个推理,只是大前提的形式不同而已。因此我们说:"如果"是蕴涵,"只有"是反蕴涵。

再看下面的推理:

如果要写出不朽的作品,就要有丰富的生活阅历,

所以,只有具有丰富的生活阅历,才能写出不朽的作品。

这个推理是正确的,其模式为:

如果 p 那么 q,所以只有 q 才 p

它也同样说明了蕴涵和反蕴涵的关系:如果 p 蕴涵 q,那么 q 反蕴涵 p。

最后一个例子,用来考考读者:

如果不经历那样的事情，我不会有今天。

我经历了那样的事情，

所以，我有了今天。

请问：这个推理正确吗？很有可能，你以为是正确的。其实不是。因为实际上，这是一个"只有"推理的肯定前件式，一种可能式而不是必然式，即：

只有经历那样的事情，我才有今天。

我经历了那样的事情，

所以，我才可能有今天。

读者或许觉得假言推理有点难，其实不是有点"难"，而是有点"繁"，或者有点"烦"。不过没办法，学习推理知识，总得花费一些脑筋。只要细心一点，这是不难掌握的。

二、选言推理

有一篇题为《成龙践诺》的文章说：

影星成龙出生于一个贫困家庭，很小就被送进戏班学戏；后来进了邵氏片场跑龙套。由于他勤学苦练，练就了一身好功夫，几年后开始担当主角，小有名气。

有一天,行业内的何先生请他出演一部新剧的男主角。何先生说:"除了应得的报酬,由此产生的10万元违约金也由我们支付。"说完塞给成龙一张支票,匆匆而去。成龙看到支票赫然写着100万元。好大一笔款子!他从小历尽艰难,不就是盼望能有这样一天吗?可是成龙转念一想:如果毁约,手头正拍到一半的电影就要流产,公司必将遭受重大损失。于情于理,他都不忍弃之而去。一夜难眠,次日清晨,成龙找到何先生,送还了支票。他说:"我也非常爱钱,但是不能因为100万就失信于人,大丈夫当一诺千金。"对于何先生来说,这件事情虽然没有办成,但他却更加欣赏这位年轻人了。

在这个故事中,成龙所进行的是一个选言推理。这个推理就是:

> 成龙毁约,或者成龙践诺。
>
> 成龙没有毁约,
>
> 所以,成龙践诺。

选言推理是一种情境选择,也就是根据特定的推理情境,从若干选项中选出其中一项作为结论。其模式是:

$$p 或 q,非 p,所以 q$$

这就是人们常用的"或者"推理模式,叫作"否定肯定式",即以一个"或者"判断为大前提,否定一个(或一些)选项,从而肯定一个选项。这是"或者"推理的必然式。"或者"推理就这么一个必然式。

此外,"或者"推理还有一个"可能式",即:

$$p 或 q,p,所以可能非 q$$

这是个"或者"推理的肯定否定式。例如:

> 这个人是解放军,或者是运动员。
>
> 他是解放军,
>
> 所以,他可能不是运动员。

由于这个人可能既是解放军,也是运动员,比如"他"是八一篮球队的队员,当我们肯定他是解放军时,不能断然否定他是运动员,只能说他"可能不是运动员"。所以,"或者"推理也称为相容的选言推理,意思是说,它们的选项可能同时都是真的。

从"成龙践诺"的故事来看,"成龙毁约"与"成龙践诺"两个选项并非截然对立,而是可以同真,亦即彼此相容。比方说,成龙离开了邵氏公司去拍新片,但他答应错开时间,坚持把原来承担的邵氏公司的影片拍完。应当说,这个可能性是存在的。而在事实上,成龙践诺的结果也是相容的"两全其美"。邵氏公司知道成龙拒收 100 万元的事情之后深为感动,主动买下何先生的新剧本,交给成龙自导自演。不过这不是在"成龙毁约"和"成龙践诺"之间的选择,而是在"成龙留在邵氏公司"和"成龙拍摄何先生新剧本"两个相容选项之间的选择。

选言推理还有一种类型,叫作"要么"推理。

"要么"推理的选项不能同真,不能同假。也就是说,它们的选项中只能有一个为真,其余为假,因此称之为不相容选言推理。例如:

诺贝尔化学奖获得者奥托·瓦拉赫起初学的是文学专业,读了一个学期,老师对他的评语是:该生用功,但做事过分拘谨、死板。意思是说,他在文学上不可能会有大成就。而一位化学老师却认为,奥托做事过分认真和死板,最适合做化学实验,建议他改学化学。就相容性而言,奥托有可能既学文学也学化学,但是在这个特定的推理情境中,他必须二者择一,而且只能择一:要么学文学,要么学化学。奥托面临一生事业的选择。他放弃了文学而选择化学,终于找到了自己的人生舞台。有人评论说,奥托的放弃"也是一种美丽"。

由于这个"要么"推理的两个选项彼此不能相容,选择这个就得放弃那个,反之,放弃这个就得选择那个,所以下面两个模式都是必然式:

$$p \text{ 要么 } q,\text{非 } p,\text{所以 } q$$

$$p \text{ 要么 } q,p,\text{所以非 } q$$

这就是"或者"推理和"要么"推理的区别所在。

值得注意的是,使用选言推理很容易犯这样的错误,即漏掉最重要的选项。例如:

有人的手机收到这样一条短信:"我好郁闷啊!多么想听到你的电话。星期六有空吗?请回复'Y'或者'N'。"他心想:发短信的是谁呢?是老婆在考察自己吗?还是那个"美眉"小丽?老婆现在单位考试,没有"作案时间",那一定是小丽了。于是他回复了一个"Y"。他的心还在狂跳,手机又响了起来,显示的短信是:"注册成功。欢迎加入'同城约会'俱乐部,每月30元信息服务费将从您手机话费中扣除。"他哭笑不得。

这个故事或许出于虚构,不过我们还是想通过这个故事,说明使用选言推理时可能的失误。这个人的失误就在于漏掉了"有人设圈套"这个选项。至于为什么会犯这样的错误,其原因可能是多方面的,比如智力不及、粗心大意、心术不正、情境不明,等等。

三、二难推理

二难推理是一种假言和选言的混合推理模式,前提中既有假言判断,也有选言判断。所谓"二难",就是使人左右为难、进退两难的意思。

美籍华人李开复在他《做最好的自己》一书中说,他在"苹果"公司工作时恰逢公司裁员,他必须从两个业绩不佳的员工中裁掉一个。一个是他的老同学,十多年前写过非常出色的论文,但加入公司后工作不努力,没有太多业绩可言。这位老同学知道面临危机后就来恳求李开复,诉说自己的苦衷。就连教过他们的一位教授,也来电暗示李开复尽量照顾师兄。至于另一个,他是刚加入公司两个月的新员工,还没有时间表现,但他应该是一位有潜力的员工。李开复在书中写道:"我内心里的'公正'和'负责'的价值观告诉我应该裁掉师兄,但是我的'怜悯心'和'知恩图报'的观念却告诉我应该留下师兄,裁掉那位新员工。"

于是,李开复陷入了"二难"境地。他的二难推理是这样的:

> 如果裁掉那位新员工,那么是我徇私;
>
> 如果裁掉师兄,那么是我冷酷。
>
> 我裁掉那位新员工,或者裁掉师兄,
>
> 所以,是我徇私或者是我冷酷。

可这两个结果都不是推理者所愿意接受的。其模式为:

> 如果 p 那么 r
>
> 如果 q 那么 s
>
> p 或 q
>
> 所以,r 或 s

破"二难"需要添加推理前提,李开复最后根据诚信原则,还是裁掉了师兄。

读者还记得前一章讲过的那位名医误诊的故事吧!他那进退两难的推理,就是一个二难推理。读者不妨根据这个模式,写出它的推理式来。

二难推理也有比较简单的模式。例如这样一个故事,它虽然是虚构的,但是饶有趣味,而且典型地说明了二难推理的妙用,引录如下:

　　某旅游胜地有两个村庄。一个村子的人全说实话,叫"实话村";另一个村子的人全说谎话,叫"谎话村"。平时两个村子,"鸡犬之声相闻,老死不相往来"。当一位旅行家来到这里的时候,适逢战乱,两个村子的人混合而居,也就是说,实话村里有谎话村的人,谎话村里也有实话村的人。这位旅行家来到其中一个村庄,他想弄清楚这个村子是实话村还是谎话村,可是所要问的人说的是真话还是谎话呢?聪明的旅行家,遇到了一个人,只说了一句话,他就弄清了这个村子是实话村还是谎话村了。

　　请问:这位旅行家说的是一句什么话,竟然能够让他确定这个村子是实话村还是谎话村呢? 亲爱的读者,你说说看!

　　这句话就是:"你是这个村子的人吗?"

　　请读者想想看,为什么这句话竟然有这样奇妙的作用呢?

　　原来事情是这样的:如果这个村庄是实话村,遇到的恰好是实话村的人,当旅行者问他:"你是这个村子的人吗?"他当然会说他是这个村子的人。如果遇到本来是谎话村的人,那么他会怎样说呢?因为他只会说谎话,他也一定说自己是这个村子的人。你说对吗?

　　如果是这样,那么这个推理就是:

　　　　如果他是实话村的人,那么他说他是这个村子的人;

　　　　如果他是谎话村的人,那么他也说他是这个村子的人。

　　　　他是实话村人,或者他是谎话村人,

　　　　所以,他都会说自己是这个村子的人。

这样,旅行者就能够判定这个村子是实话村。其推理模式是:

> 如果 p 那么 r
>
> 如果 q 那么 r
>
> p 或 q
>
> 所以,r

如果这个村子是谎话村呢? 那么所问的不管是什么人,他都会说自己不是这个村子的人。

二难推理还有其他模式,因为不常用,这里就不讨论了。

第三节　三　段　论

一、三段论的中项

古希腊的亚里士多德是西方逻辑的创始人。三段论就是亚里士多德逻辑的核心内容,也是人们日常思维中常用的推理模式。

先说日常生活中一个三段论的实例。

有一篇题为《男人的名字叫责任》的文章说:

2006 年 3 月 1 日,一辆由四川射洪开往深圳的大巴上,坐着青年杨保儒和他的女友陈秋兰。由于长途劳顿,他们进入了梦乡。大巴行到广西境内,杨保儒被浓烟熏醒,发现发动机部位蹿起大火,已经烤得车门无法打开。他摇醒女友:"秋兰,车内起火了! 赶快跳窗!"凭着一身力气,杨保儒很快砸烂了秋兰身边的车窗玻璃,并在第一时间将秋兰托了出去。接下来只消他一低头,便可以越窗逃离火海。就在这一瞬间,杨保儒听到身后女人和孩子的哭喊,他来不及细想,转身加入了救人的行列。这场灾难,全车 42 人中有 18 人逃生,8 人烧伤,16 人遇难。而遇难的 16 个人中有 10 人是身强力壮的男人,包括杨保儒。事后消防人员说,这些男人最有机会逃生,但他们毫不犹豫地把生的希望让给别人,把死亡留给了自己。

身历这次灾难的人们,一定有过许许多多推理。那些遇难的男人,像杨保儒那样"来不及细想",但是他们心中肯定闪过这样的念头:"我是男人!"如果不是这样,他们为什么不去逃生,反而去赴死?如果把这样的念头恢复成为推理的形式,那应是下面的三段论:

> 男人有救助他人的责任。
>
> 我是男人,
>
> 所以,我有救助他人的责任。

我们不敢说这样的推导一定准确,但并非没有根据。文章作者把标题选定为《男人的名字叫责任》,也就是这个意思。

我们在前面说过,逻辑是严格的,而日常推理却是不拘一格的。人类具有天生的推理能力,即使是只言片语,甚至电光石火的一闪念,都可能体现一个推理,一种推理模式。杨保儒"来不及细想"应该是真的,存在这么一个三段论,应当说也是真的。我们不妨反思一下自己的某些思维片段,是不是有过类似的情形? 是不是就这么个"理"!

这里说到的三段论模式应当是:

$$M 是 P,S 是 M,所以 S 是 P$$

写成下面的竖式,或许更为直观一些:

$$M 是 P$$
$$S 是 M$$
$$\overline{\qquad\qquad}$$
$$S 是 P$$

在三段论理论中,S、P 和 M 表示不同的语词(单词或短语),亦即通常所说的概念。S 表示小项或主项(在小前提中叫小项,在结论中叫主项);P 表示大项或谓项(在大前提中叫大项,在结论中叫谓项);还有一个 M(在大小前提中都出现),表示中项。"是"表示肯定;如果要表示否定,则用"不是"。"M 是 P"叫作大前提(其中含有大项 P);"S 是 M"为小前提(其中含有小项 S);"S 是 P"是结论。大前提、小前提和结论都是判断。在逻辑上,总是由概念组成判断,再由判断组成推理。

在这个三段论的推理中,"男人"为中项 M;"我"是小项 S(主项);"有救助他人的责任"为大项 P(谓项)。"男人有救助他人的责任"是大前提;"我是男人"为小前提;"我有救助他人的责任"是结论。

中项 M 是三段论的本质,在前提中两次出现,起着决定性的媒介作用。正是这种媒介作用,使得我们从"M 是 P"和"S 是 M"推出了"S 是 P"。如果没有中项,就没有三段论。

三段论有并且只有三个项,即中项 M 和小项 S、大项 P。因为只有三个项,才能发挥中项对于小项和大项的媒介作用,如果多出一个项,就推不出我们需要得到的结论。这样的逻辑错误叫作"四概念错误"。

例如下面的三段论:

> 白头翁会飞。
>
> 王老汉是白头翁,
>
> 所以,王老汉会飞。

对于任何一个不懂逻辑的人来说,都知道这是个错误的推理。然而问题出在哪儿,并非每个人都知道。问题出在中项。作为三段论,从表面上看它有三个项:中项"白头翁",小项"王老汉"和大项"会飞"。可是实际上,中项"白头翁"在大前提里指一种鸟,叫"白头翁",而在小前提里则是指白发老人。也就是说,中项"白头翁"的两次出现,表面上是一个语词,实际上却是两个不同的概念,再加上小项和大项,共有四个概念,所以叫作"四概念错误"。

读者或许会说,这个例子是教逻辑的人编造出来的。在日常推理中,我们怎么会犯这样的错误呢?大概就像你说的那样,这个例子是编造的,那么让我们换一个例子吧:

> 群众是真正的英雄。
>
> 我是群众,

所以，我是真正的英雄。

这个三段论正确么？好像也有点儿不对劲。如果有人这样说了，你能对他说些什么呢？其实，这里的问题仍然出在中项：中项"群众"在大前提里是指"广大人民群众"，而在小前提里则是指"不是领导或者不是党团员的人"。这个三段论也犯了"四概念错误"。

我们在进行三段论推理时，一定要防止"四概念错误"。如果犯了"四概念错误"，中项就失去了它的媒介作用。如果用这样的判断作为大小前提，那么推出来的结论就难免是错误的了。

二、三段论的格

三段论有三个常用的格：第一格、第二格和第三格。三段论的三个格是根据中项在前提中的不同位置确定的，它们的模式可以分别写成：

第一格：M—P　　　第二格：P—M　　　第三格：M—P

　　　　　S—M　　　　　　　S—M　　　　　　　M—S

　　∴　S—P　　　　　∴　S—P　　　　　∴　S—P

第一格的中项 M 在大前提中是主项（前面的那个概念），在小前提中是谓项（后面的概念）。第二格的中项都是谓项。第三格的中项都是主项。由于中项所处的位置不同，三个不同的格推导出来的结论自然有所不同。

组成三段论的大前提、小前提和结论都是判断,判断的主项都有"所有"和"有"的区别。例如"白头翁会飞,王老汉是白头翁,所以王老汉会飞"这个三段论,"白头翁"就是指所有白头翁,"王老汉"这个个体也看成"所有"。可是在"有人是诗人"这个判断中,"人"只说是"有",而不会说是"所有"。这"所有"(或暗含"所有")和"有"的区别,对于三段论推理的正确性来说,是至关重要的。

还有,一个判断除了用"是"(或暗含"是")表示肯定以外,也用"不是"来表示否定,例如"我不是市长""鲸不是鱼"等。"是"与"不是"的区别同样也很重要。

前面说到的三个例子都属于三段论第一格:中项在大前提中是主项,在小前提中是谓项。这三个例子在推理模式上都是必然式,只是第二和第三个例子由于内容的原因犯了"四概念错误",属于不正确的推理。

三段论的第二格和第三格例子如下:

　　第二格:(所有)市长是官员。

　　　　　　(所有)工人不是官员,

　　　　　　所以,(所有)工人不是市长。

　　第三格:(所有)工人不是官员。

　　　　　　(所有)工人是劳动者,

　　　　　　所以,有劳动者不是官员。

前一个例子的中项是"官员",都处在判断谓项的位置,属于第二格;后一个例子的中项是"工人",都处在判断主项的位置,属于第三格。

在日常的三段论推理中,如果前提真实,并且遵守了相应的规则,那么推导出来的结论必然为真,它们是三段论的必然式。这些规则为:

第一格:大前提是"所有"判断;小前提是肯定判断。

第二格:大前提是"所有"判断;两个前提中有一个是否定判断,并且结论是否定判断。

第三格:小前提是肯定判断,结论是"有"而不是"所有"。

如果三段论的推理违背了其中某一条规则,那就不是必然式,而是可能式,也就是说,结论可能真也可能假。

人们常说:"人非草木,孰能无情?"这句千古名言,你大概不会怀疑它的必然性吧?实际上这句话作为三段论推理,它只是可能真而非必然真。其推导过程如下:

草木是无情的。

人不是草木,

所以,人不是无情的。

或许读者仍然没有看出来这个推理不是必然为真的,那么请比较下面的推理:

草木是无情的。

石头不是草木，

所以，石头不是无情的。

如果说前面推理的结论"人不是无情的"还算是真实的，那么这里的结论"石头不是无情的"显然虚假。读者难免要问：它们应用的不都是三段论的第一格吗？那么问题出在哪里呢？问题就在于它们没有满足"小前提是肯定判断"的要求，用的是否定判断，所以结论只能是可能为真而不是必然为真，也就是说，结论可能为真也可能为假。

如果你遇到一位说一口上海话的人，大概很容易推出"他是上海人"的结论。其实，这个结论未必正确。请看：

上海人会说上海话。

他会说上海话，

所以，他是上海人。

这个三段论属于第二格，违反了"两个前提中有一个是否定判断，并且结论是否定判断"的规则，因而不是必然为真，而只是可能为真。也就是说，结论只能是："他可能是上海人。"

其实，会说上海话不一定就是上海人。笔者就认识一个会说上海话的年轻人，他不是上海人，甚至没有去过上海。他的上海话是跟村里的上海知青学会的。

还有一个佐证：20世纪40年代，陈赓将军装扮成商人在内地的一个地方执行任务。冤家路窄，他遇到了黄埔军校同学、国民党的一个特务军官。那个军官认出了陈赓，而陈赓却用一口流利的上海话说自己是商人，不认识那个军官。那军官知道陈赓不是上海人，承认自己认错了人，放走了陈赓。陈赓的上海话是他在上海做地下工作时学会的。

三段论第二格由于前提中有一个是否定判断，结论必然是否定的。所以不能得出"他是上海人"的肯定性结论。

可是问题又来了。在这个例子中，如果小前提是否定的："他不会说上海话"，能够推出"他不是上海人"吗？似乎也不是必然的。有外地人调到上海工作几十年了，你总不能说他不是上海人吧！但他一直没有学会上海话，这就是说，上海人并非都会说上海话。"所有（这两个字是暗含着的）上海人会说上海话"这个大前提是虚假的。前提虚假也会导致结论的错误。

不过还有问题："上海人会说上海话"这句话就真的不能说吗？这个问题我们在本章第一节说过，如果在"一般地说"的意义上还是可以说的。这个意思就是：加上"一般地说"或者暗含这个意思，"上海人会说上海话"可以为真，但是它不能以"（所有）上海人会上海话"作为大前提进行推理。

再说一件事情。

笔者曾经做过一次测试，其中有这样一道推理题：

　　　获奖产品是优质产品；

获奖产品是受群众欢迎的产品。

所以，　　　　？

它能够推出什么样的结论呢？（亲爱的读者，你不妨自测一下，看看能推出什么样的结论。）

测试结果是：受测 24 人中 23 人的答案是："受群众欢迎的产品是优质产品"或"优质产品是受群众欢迎的产品"。只有一人给出了正确答案："有受群众欢迎的产品是优质产品。"这个推理属于三段论的第三格，结论必须是"有"而不是"所有"。也就是说，答案前面必须加限制词"有"，否则就意味着是"所有"。

此外，"优质产品是受群众欢迎的产品"的答案也不正确，因为答题人不仅没有标示出限制词"有"，而且把大小前提弄颠倒了。虽然我们在前面说过，日常推理不拘一格，前提可以颠倒，但那是从推理的实践意义上说的。就三段论的格式而言，大小前提的顺序不能改变，否则就不能保证主项 S 和谓项 P 的正确关系。

在本章中，我们介绍了人们常用的几种推理模式，这些模式是传统逻辑的基本内容，也是我们讨论日常推理时必不可少的预备知识。如果你觉得这些知识有些烦琐，不容易掌握，那么不妨多读几遍。古人说"读书百遍，其义自见"，只有反复地读、反复地想，才能够熟练地掌握这些知识。而熟练地掌握这些知识，对于我们的人生旅途肯定会有极大的用处。

我们说过，人的推理能力是天生的，小女孩吟吟早在婴儿时期就应用过这几种推理模式。但是她不能辨别这些模式的必然性和可能性，更不能准确地判定前提的真假，所以她的推理不可避免地会有失误。由于人类经验世世代代的积淀作用，推理模式像树种一样深植于人类的基因之中，然而它毕竟只是种子，如何存活和成长，还有赖于后天的培育。这就是说，一粒优良的树种，只有在后天的精心培育下，才能成长为参天大树；一个人的推理素养，也只有在后天的修炼中才能达到"随心所欲而不逾距"的理想境界。

下面，我们将以两章的篇幅分别讨论日常推理的前提和结论。最值得注意的是，日常推理中存在许多内隐前提，正是这些内隐前提，使得不同推理者根据相同的外显前提推出不同的结论，而这些不同的结论甚至会影响不同推理者的人生命运。

第三章　前　　提

第一节　外 显 前 提

一、语言前提

任何一个推理都是由前提和结论构成的,没有前提便没有结论,自然也就没有了推理。所以,学习推理知识应从对前提的认知开始。

推理的前提有外显前提和内隐前提的区别,而在以往的逻辑教科书中只讲到外显前提。外显前提除语言前提之外,还有实指前提,而在以往的逻辑教科书中只讲到语言前提。

我们先从语言前提说起。

语言前提是指说话人用话语说出来的推理前提。语言前提又可以分为有标记和无标记两种。

有标记的语言前提,通常使用"因为"或"由于"作为语言标记。"因为"和"所以"配对,"由于"同"因此"配对。"所以"和"因此"是结论的语言标记。

例如：

① 我因为小时候生活在农村，所以懂得一些农业生产知识。

② 小羊为什么要吃草，因为它饿了。

③ 小张因病请假。

④ 由于季节转换，日短夜长，因此作息时间做了相应的调整。

例①"因为"和"所以"搭配，"因为"句为有标记前提。例②只有"因为"而无"所以"，前提后置，有标记。例③的"因"也是"因为"的意思，"小张因病"为有标记前提。这个推理是：因为小张有病，所以他请假了。例④是"由于"和"因此"配对，"由于"句为有标记前提。

有标记的语言前提，由于有"因为"或"由于"这样的语言标记，因而很容易识别推理前提，并由此推出结论。

然而，日常推理的语言前提在许多情况下并没有"因为"或"由于"这样的标记，它们是一些无标记的语言前提。

例如：

这个会很重要，所以谁请假也不行。

此例有"所以"，说明它是个推理。它没有"因为"并不等于没有前提。事实上"这个会很重要"就是前提，这是我们根据"所以"识别出来的。"所以"表示结论，结论前面的句子即是前提。因此，句子"这个会很重要"是个无标记前提,它暗含有"因为",即"〔因为〕这个会很重要,所以……"。

又如:

　　　　小松鼠很可爱,孩子们喜欢它。

此例没有"因为",甚至没有"所以",但它暗含有"因为"和"所以",即:"〔因为〕小松鼠很可爱,〔所以〕孩子们喜欢它。""小松鼠很可爱"为无标记前提。对于这样的推理,只要我们细心地想一想,其中暗含的"因为""所以"是不难发现的。

这个的推理原型是:

　　　　如果小松鼠很可爱,那么孩子们喜欢它。

　　　　小松鼠很可爱,

　　　　所以,孩子们喜欢它

这是一个"如果"推理的肯定前件式。如果这个推理的前提真实而且无遗漏,那么它的结论必然为真。这里的"如果,那么"表示前件蕴涵后件,也就是说,有前件必然有后件,否则从"小松鼠很可爱"是不能够推出"孩子们喜欢它"的。由此可见,推理模式中的"如果"大前提的确存在,只是在表达中没有说出来而已。

如果说这两个无标记前提的例子还是比较容易识别的话,那么在日常会话中,却有更多的无标记前提是很不容易识别的。语言学家王力先生早在 20 世纪 60 年代初发表的《逻辑和语言》一文中,就曾经举过这样一些例子:

① 兄弟去探狱,也被逮住了,兄弟也是共产党员。

② 天黑了,还去干吗?

③ 可不是吗!干就得像个干的样子,都是小伙子。

④ 星期一上课,今天星期一。

请问聪明的读者,你能够看出来这些句子都是推理吗?王力先生说:"逻辑学家也许不承认这是推理,但这是人民群众的日常推理方式。"是的,它们都是推理。人们的日常推理是非常自由的,不拘一格,只要听话人明白,怎么说都行。

　　一个或一组句子是不是推理,只要看能不能够找出前提和结论,亦即能不能够找出"因为"和"所以"。作为推理,例①是说,因为兄弟也是共产党员,所以他在探狱的时候也被逮住了。例②是:因为天黑了,所以你不必去了。两例都存在具有蕴涵关系的"如果"大前提,所以都能够必然地从"因为"推出"所以"。例③是说:因为小伙子干事都像个样子,你们都是小伙子,所以你们干事都得像个样子。这是个三段论。例④是:因为星期一上课,今天是星期一,所以今天上课。这也是三段论。这后一个三段论只有无标记的大小前提,结论没有说出,要让听话人自己推出来。三段论的"因为"和"所以"之间也是蕴涵关系,如果前提真实,则结论是必然为真的。

从这些例子可以看出,学习推理知识,首先要善于识别推理的语言前提,特别是要善于识别无标记的语言前提。只有善于识别前提,才有可能顺利地推出结论。

二、实指前提

人们通常认为,推理的前提只能是语言前提。其实不然。在日常推理中,人们往往把眼前的某些事物直接地作为前提进行推理,这样的前提就是实指前提。它们是一些非语言前提。

实指前提包括指物和指事两种情况。

例如:

笔者有一次来到绍兴,走进咸亨酒店,在柜台前问一位营业员:"有茴香豆吗?"她没有说话,只用手指点了点玻璃柜台里的一种食品。我看了看实物和价格,说:"买两袋。"于是营业员拿出两袋茴香豆,我付了钱走人。

营业员没有说话,自然没有给出语言前提,但她却用手指明示了那种食品,意思是说:"有茴香豆。"或者,"这就是茴香豆!"笔者根据营业员的提示,于是有了下面的推理:

如果有茴香豆,那么我买两袋。

有茴香豆,

所以，我买两袋。

这个推理中的"如果"前提早已存在于笔者的脑子里，"有茴香豆"则来自营业员的指物前提——一种最常用的实指前提。

如果当时营业员点了点头，我们可以看成指事前提，表示"有茴香豆"这件事情。但是，她的指物前提比"点头"更能让笔者看到实物，增加了前提的真实性，推动笔者顺利地完成了推理。

再看下面一些例子：

当乙看到甲从口袋拿出钥匙走向面前的某扇门时，乙推出了一个结论：甲去开门。当甲用手指指点一下乙身边关闭的窗户时，乙也能够由此得出结论：甲是要自己打开窗户。——这两例推理，都是甲以某种行为动作表示了某件事情，为乙提供了推理前提。这样的前提为指事前提。

一位旅行家游遍了天下山水，又领略了漓江的旖旎风光，于是得出结论说："桂林山水甲天下，阳朔山水甲桂林。"大诗人苏东坡饱赏了西湖美丽的晴景和雨景之后，欣然作诗曰："水光潋滟晴方好，山色空蒙雨亦奇。欲把西湖比西子，淡妆浓抹总相宜。"——如果我们说这两例中也存在推理，那么它们都是以眼前的山水景色为前提的，应当属于指物前提。

当你凭吊北京圆明园遗址时，会深切地感受到当年帝国主义的凶残；当你目睹纽约双塔的废墟时，自然会想到恐怖主义的危害。——这两例是从眼前景物联想到重大事件，并以此为前提进行推理的。在这里,看到的是物,想到的是事,或者说是"言事的物",不妨看作实指事物的前提。

在日常推理中,这样的例子不胜枚举。可以形象地说,万事万物都在同我们说话,诉说着它们的一切,问题只在于我们能否听懂。客观事物给予我们的任何信息,都可以看作某种实指前提。

实指前提实际上是一些外显的情境前提。也就是说,外显的情境因素给予我们许多信息,于是这些信息就成了我们据以推理的前提——实指前提。

以这些外显的情境因素为前提的推理,通常只具有或然性,而不是必然为真的。因此,在日常生活中以外显的情境因素为前提而导致推理失误,那是不足为怪的。

请看:

一家餐饮店一前一后进来一对男女。看他们的样子像是刚吵过架,两人都不说话,面对面地坐在一张餐桌的两边,各自要了一碗面条,默默地吃着。邻桌的一个男青年小声地对自己的女朋友说:"你们女孩子就爱生气,你看她气得那不理人的样子!"

一会儿工夫,男青年吃完了,叫服务员结账。服务员说:"10 元整。"男青年一听急了:"什么?你们不是明明写着每碗 5 元吗?"服务员乐了:"你和她两个人吃了两碗,当然是 10 元了。"男青年看看对面的女青年,又看看满屋子惊讶的眼光,笑着说:"我不认识她,我只吃了一碗面。"那位女青年看看大家,也嫣然一笑。

像这样发生在一群人中的错误推理,自然缘于情境前提的不可靠性。由于这件事情不大，误推反倒让人们觉得挺有趣，包括当事人。可是有时候的误推，却会造成重大损失，甚至成为人生的憾事，这就不能不引起我们重视了。

笔者青年时期读过苏联文学名著《钢铁是怎样炼成的》，其中一个情节至今还清晰地留在记忆中：主人公保尔·柯察金爱上了女上司丽达。有一次，保尔来到丽达住处，看见一个青年军官躺在丽达的床上睡觉，保尔立即推出：这个人是丽达的男人。于是，他悄悄地离开了。

后来，丽达解释说，那个人是她的哥哥，刚从前线归来。丽达还暗示，保尔本来是有机会得到她的爱情的。

由于推理情境的复杂性，保尔误用了情境前提，后悔莫及。

由此看来，应用外显的情境前提进行推理时不能不慎。尤其是在那些关键时刻，千万不要错揿了人生开关。

第二节　内　隐　前　提

一、默认前提

相对于外显前提而言，内隐前提是这样一些隐于内而不显于外的推理前提：它们没有被述说出来，也未必见之于眼前事物，但它们确实存在于推理者的思想意识里面，并且成为推理根据的组成部分。

默认前提是一些不作外在表示而内心认可的推理前提，包括对话省略和隐性假设两种情况。

（一）对话省略

对话省略是指在特定的交际情境中,对话双方为了避免话语啰唆重复,有意地省略那些"你知我知",亦即"不言而喻"的推理前提或前提中的某个成分。当然,有时候也可以省略结论。

例如:

拳王阿里在他的拳击生涯中取得了超乎常人的赫赫战绩,人们把他称为"超人"。在一片赞美声中,阿里有些飘飘然,以为自己真的就是与众不同的超人。

有一次,阿里乘坐一架芝加哥飞往拉斯维加斯的飞机。起飞时,空姐要求每位旅客系好安全带,而阿里仗着自己的特殊名望不予理睬。空姐来到阿里身边,再次要求他系好安全带,阿里却说:"超人是不需要系安全带的。"此刻,空姐平静地微笑着说:"超人用得着坐飞机吗?"

阿里愣了一下,乖乖地系好了安全带。从此以后,阿里不再以超人自居,因为他明白:一个人,无论怎样杰出和卓越,都不会是无所不能的超人。

空姐与阿里的这番对话,包含有一连串的推理。首先是阿里的推理:

超人是不需要系安全带的。

> 我是超人，
>
> 所以，我是不需要系安全带的。

这是三段论的第一格。阿里只说出了大前提："超人是不需要系安全带的。"根据特定的对话情境，省略了小前提和结论。由于省略的部分"你知我知"，空姐明白了这一推理，于是用一反诘句予以反驳："超人用得着坐飞机吗？"意思是说，超人是不用坐飞机的，你坐飞机，就足以说明你不是超人。你既然不是超人，就得系好安全带。

　　空姐用的是下面两个推理：

> 如果你是超人，那么你不用坐飞机。
>
> 你坐飞机，
>
> 所以，你不是超人。

> 如果你不是超人，那么你要系好安全带。
>
> 你不是超人，
>
> 所以，你要系好安全带。

这是两个连续的"如果"推理，前一个为否定后件式，后一个是肯定前件式。同样由于"你知我知"，空姐只说出了第一个推理的"如果"大前提（原话为"超人用得着坐飞机吗？"）；小前提"你坐飞机"为外显的情境前提，无须说出；结论"你不是超人"省略。省略了的结论作为第二个推理的前件,它蕴涵后件"你要系安全带",然后肯定前件"你不是超人",从而推出后件"你要系好安全带"。这个结论,正是空姐所要说而且此前已经说过了。

又如:

有甲、乙二人在某公交车站等车,当一辆公交车开到时,他们有下面的简短对话:

甲:来了。

乙:上车!

他们的对话虽然简短,但却是一个推理。其原型为:

> 如果车来了,我们就上车。
>
> 〔车〕来了,
>
> 所以,〔我们〕上车。

这个推理的"如果"句是甲乙二人默认的大前提,你知我知,所以省略。同样由于"你知我知",小前提"车来了",甲只说"来了",省略主项"车";结论"我们上车",乙也只说"上车",省略了主项"我们"。这里的对话所省略的不是整个前提或结论,而是省略了它们中的某个成分。

话语省略的推理体现了日常推理的"省力原则"(或曰"经济原则")。其实,人们是非常喜欢"偷懒"的。有人说"懒人"创造了世界,因为"懒人"想"偷懒",才发明了那些省时省力的科学技术,推动了人类物质和精神文明的发展。人们的会话和推理也是如此,只要

"你知我知",就可以省略不说,不必啰唆重复,以致影响交际的效果。

然而省略必须有度,这个"度"就是"你知我知"。如果过分省略,就有可能造成误解,反而影响交际效果。

请看下面的例子:

一位女士有个五岁的儿子,儿子有一个很"铁"的玩伴——住在楼下的壮壮。女士在一家商场童装部上班,商场刚上了一批新款秋装,她决定给儿子买一件。不巧,儿子回姥姥家去了。衣服拿回来,老公一是嫌价钱太贵,让小孩穿着浪费;二是觉得有点大,怕儿子穿着不合身。两人商量之后,决定先让壮壮试试,壮壮和儿子身材差不多,如果合身就买下来。

这位女士拿着衣服来到楼下,见到壮壮和他妈妈,她说:"壮壮,来,试试这件衣服怎么样?"壮壮还没有反应过来,他妈妈一把接过衣服,激动地说:"你看你,给壮壮买什么衣服啊!壮壮,快来谢谢阿姨。"

这位女士在不是"你知我知"的情况下,省略了"我想给儿子试试衣服"这个只能外显而不能内隐的语言前提,以致闹了一个不大不小的误会。

(二)隐性假设

隐性假设是推理者一种自我默认行为。它不同于"你知我知"情况下的话语省略,而是在信息不充分的时候,推理者根据情境自己给出的一些判断式的假设。这些假设,通常只是推理者的一种自以为"是"(自以为正确),所以它们可能为真,也可能为假。

例如：

甲和乙是两个互不相识的大学生，某日在某大学生食堂的同一张餐桌上用餐，他们有下面的简短对话：

甲：你戴手表了吗？

乙（掏出手机）：5 点 40 分。

甲：谢谢。

对话中甲问乙"你戴手表了吗？"这句话，给予乙的信息并不充分，或者说信息有所缺失。乙听到甲的问话之后，不免想到：我们俩互不相识，他问我戴不戴手表干吗？要借手表吗？似乎不是。那么根据情境，应该是问我现在什么时间。于是乙假设了后者，回答说："5 点 40 分。"甲表示"谢谢"，说明乙的假设正确。由于乙的假设只是一种思想活动，没有"表之于外"，所以它是一种内隐前提，我们称之为"隐性假设"。

乙的隐性假设来源于一个"或者"推理。即：

甲或者向乙借表，或者问乙时间。

甲似乎不是向乙借表，

所以，甲是问乙时间。

然后，乙以结论"甲是问我时间"为前件，构成"如果"推理的大前提：

"如果问我时间，那么现在是 5 点 40 分"。再从肯定前件到肯定后件，完成了一次隐性假设的推理。

然而，隐性假设并非都有明确的"补充缺失信息"的过程。有时候推理者并没有多想，就只是一种简单的自以为"是"。

例如前面说到的某女士让邻居壮壮试衣服的例子。这位女士说："壮壮，来，试试这件衣服怎么样?"这句话提供的信息并不充分：为什么要壮壮试衣服呢? 是给壮壮买衣服，还是为自己儿子试衣服呢? 这位女士没有说出给自己儿子试衣服，但也没有说给壮壮买衣服呀! 可是壮壮妈妈就是在"你知我不知"的情况下，自以为"是"地假设了这件衣服就是为壮壮买的，因而叫壮壮赶快谢谢阿姨。

当然，由于这位女士在表达时的过"度"省略，壮壮妈妈的隐性假设并非没有道理。但是自以为"是"毕竟造成了推理的失误，使得这位女士十分尴尬。

日常生活中自以为"是"的隐性假设，由于具有隐蔽性，常常构成一些不自觉的推理。比如，当你在人行道上悠闲地漫步的时候，你就假设了汽车不会开上人行道;你乘上飞机，就会假设某时某刻到达目的地;娶了妻子，就假设会有孩子……推理者可能并没有意识到它们，但它们确实存在，并且支配着推理者的思想和行为。这些假设，大体正确，但并非没有例外。

隐性假设符合推理的省力原则。在日常生活中，人们往往不愿意把某些并不重要或者并不复杂的事情想得太细，因为那样会浪费许多宝贵的时间。适度的自以为"是"，可以提高人们的推理速度和办事效率。

　　然而,隐性假设毕竟是在信息不充分情况下的一种判定,其失误的可能性大于话语省略。因此有些人就利用推理者的这种自以为"是",把推理者的思维引入歧途,以实现自己的某种目的。

　　例如:

　　美国胡佛在任联邦调查局局长期间,曾经规定所有特工人员都必须严格地控制体重,不得超标。有一天,一名胖特工得知自己将被提拔为迈阿密地区特警队的负责人,任职前胡佛局长要接见他,也就是要当面考察他。他心想:"我发福得这样厉害,怎么能顺利通过局长接见这一关呢?"他绞尽脑汁,终于想出了一条妙计:他买了一套尺码比平时大得多的衣服,穿在身上给人一种假象:减肥卓有成效。他穿着这身宽大的衣服去见胡佛,一见面就感谢局长:"局长提出控制体重的指示太英明了,简直是救了我的命啊!"胡佛很高兴,不但没有批评他,反而连连夸奖,鼓励他继续带头瘦身。就这样,胖特工如愿以偿地到新岗位任职去了。

　　胡佛听到胖特工一番恭维之后,在信息缺失的情况下就自以为"是"地判定胖特工的谎话为真,让对方"如愿以偿"。对于胖特工来说,他正是利用了胡佛自以为"是"的隐性假设,诱导胡佛"上当受骗"。后来胡佛知道了事情的真相,说了一句发人深思的话:"谁越得意于恭维,谁越可能被恭维者支配。"

　　自以为"是"与"自以为是"并不完全相同。前者只是推理者在信息不充分的情况下自我认知过程中的某个假定,它可能真也可能假;后者则是主观上认定自己完全正确,不考虑他人意见的一种错误思维。人们常说的"一意孤行""刚愎自用""固执己见""顽固不化"乃至"死不悔改"等,都同"自以为是"密切相关。

在日常生活中,一个人如果"自以为是",轻则推理错误,重则给事业乃至人生带来难以弥补的损失。

例如:

笔者有一位朋友,医生在检查身体时怀疑他腹内有肿瘤,建议住院检查。而他却认为自己没有病,医生就是要把他往癌症上"靠",好赚这个钱。他说:"我才不上当哩!"由于听不进去任何人的劝说,以致病入膏肓,入院不久便不治身亡。朋友们深深地为他的不幸去世感到悲伤,同时又不免为他的"自以为是"感到悲哀。

在人生的旅途中,可以适当地自以为"是",但千万不要"自以为是"。至于如何区别自以为"是"和"自以为是",似乎只有一个方法:"多想出智慧",认真审查内隐前提以及内隐前提的可靠性。特别是当有人提出反对意见或者要求给予解释机会的时候,千万不要感情用事,捂着耳朵说:"我不听! 我不听!"要知道这可是你审查内隐前提的最后机会啊!

二、情感前提

人们常说"晓之以理,动之以情",人世间离不开"情""理"二字。前面所说的外显前提和默认前提,无论是表之于外或者隐之于内,都可以看成一个"理"字,而这里将要讨论的则是一个"情"字。

　　情感前提是相对于理性前提而言的。人们的理性思维和情感思维之间为交叉关系,既存在纯理性思维,又存在纯情感思维,还存在既是理性又是情感的思维。在推理中,语言前提是典型的理性前提;其他凡是可以用语言表述的前提,如能够述说的实指前提以及内隐的默认前提,也都属于理性前提。能够用语言述说出来,这是理性思维最为本质的特征。纯情感前提是指那些"只能意会而不可言传"的推理前提,它们是一些不能用语言述说出来但又确实存在于推理者内心世界的情感。至于既是理性又是情感的前提,是指能够用语言述说出来的情感,或者说,是指那些表达情感的语句,比如:"我爱你。""我恨死你了!"这里所说的"情感前提",作为内隐前提,包括那些不可述说或者可以述说但没有述说出来的情感。至于述说出来的情感,可以归入外显的语言前提。

　　人人都是有情感的。比如美好的事物使人产生爱慕之情,丑恶的现象令人产生憎恶之感。所谓"好(hǎo)者好(hào)之,恶(è)者恶(wù)之",就是这个意思。其他如完成工作任务时的轻松和愉快,失去亲人时的痛苦与悲伤,受到侮辱时愤懑于心,遭遇危机时惶恐不安,这些也都是情感。它们都可以成为推理的前提,成为内隐的情感前提。对于日常推理来说,这些情感前提在许多情况下甚至比理性前提更为重要,有时直接地决定了人生的命运。

　　人类的情感包括爱情、亲情、友情、人情、乡情、爱国之情等。下面分别举出一些实例,说明它们确实存在于推理的前提之中,并且在推理过程中发挥着极为重要的作用。

例1：

战争期间，一枚炸弹落在某座小村庄的孤儿院里。一个8岁女孩由于失血过多，生命垂危。外地来的医务人员用极不纯正的土话动员孩子们为小女孩献血，却没有人吭声。好一会，一个叫"亨"的男孩慢慢地举起了小手。

亨躺在垫子上，护士开始抽血。不多一会，亨发出轻微的啜泣声，但他连忙用一只手遮住了脸。护士问："很疼吗？"亨摇摇头。但过一会，亨又是一阵啜泣，并试图掩饰。护士再次问他是否很疼，他再次摇摇头。但是后来，亨的啜泣变成连续不断的哭泣。他紧闭着眼睛，遮脸的手握成拳头，试图抑制住哭声。医生和护士们颇为不解。

这时候过来一个村民，看到亨痛苦的样子，便用土话问他。问明原因后，村民解释道："这孩子以为自己要死了。他误解了你们的意思，以为要抽完全部的血，女孩才能活。"护士问："那么他为什么愿意献血？"村民转头问亨，亨说："她是我们的朋友。"

这是一个关于友情的故事。小男孩亨用"要抽完自己全部的血，女孩才能活"这个误解了的理性前提，加上"她是我们的朋友"这个情感前提（当时都是内隐的），推出了"我愿意献血"的结论。一个孩子，为了朋友竟可以放弃自己的生命，让我们看到了圣洁的友情在这个推理中不可思议的作用。

例2：

有一篇题为《别和老婆讲道理》的文章说，"有理可以走遍天下"，但在家里却未必"走"得通。有这样一个男人，在外面是教授，开会时是专家、学者，面对挤满一室的人演讲，引经据典，侃侃而谈，听众无不折服。但是回到家里，有时候任你讲遍天下道理，就是不能使老婆服服帖帖。是老婆蛮不讲理吗？好像不是这样。因为有一天，教授碰巧听到老婆和别人谈天说地，他猛然发现：老婆原来也是很会讲道理的。

那么，这是什么缘故呢？

这是关于爱情的故事。原来女人之所以爱上男人，并不是因为你会讲道理，也不在于你貌若潘安，而是你对她的那个刻在心灵深处的"情"字。如果说"情人眼里出西施"，说明了男人因为爱而失去客观的审美尺度，那么"恋爱中的女人最缺少智慧"这句话，更是说明了理性在女人的爱情面前何等苍白无力。女人对于爱情比男人更加"专业"。在女人对男人的推理中，总是有一个情感的内隐前提。只要你深深地爱着她（当然她也爱你），你要上天，她会给你扶梯子；你想下地，她会帮你挖坑。但是，如果有朝一日，你只想用讲道理的办法使她服服帖帖，甚至请别人来"评评理"，那就走到爱情崩溃的边缘了。有人说，女人，特别是自己的妻子，是人世间最难读懂的书！可是因为她是女人，是你的妻子，这本书值得你千遍万遍地读啊！

例3：

在日本，一位父亲带着6岁的儿子郊游，父亲钓鱼，儿子在一旁玩耍。湖边不远处有一个大坑，孩子好奇，探索着下到坑里。玩了一阵之后，他发现坑底离地面很高，下来容易上去难。于是他大声喊着："爸爸,爸爸,帮帮我。我上不去了。"没有想到,父亲对于他的求助置之不理。于是,他恼怒地直呼父亲大人的名字,并称之为"八格牙鲁"(混蛋),父亲仍然不理不睬。这时候,天渐渐地黑下来,出于恐惧和无助,他哭了,哭声足以令做父亲的揪心,可是得到的反应还是沉默。

就在求助无望的时候,儿子开始寻找可以上去的办法。他在坑里转来转去,终于发现坑的另一面有几棵可以用于攀缘的小树,他艰难地爬了上去。此时此刻,他看到父亲还在那里叼着烟卷,悠闲地钓他的鱼。令人意想不到的是,儿子没有抱怨,更没有恼怒,而是径直走到父亲的身边,自豪地说:"老爸,是我自己上来的。"

这是关于亲情的故事。"道是无情却有情",作为父亲,因为深深爱着自己的儿子,为了培养他的自立精神,所以"残忍"地任凭他呼喊和哭泣。作为儿子,也因为深爱他的父亲,所以能够明白父亲的用意,不去责备父亲的"残忍",而是以自己的自立精神自豪。这里的"因为"和"所以",说明了推理中确实存在着内隐的情感前提和结论。

例4:

重庆万州袁华路过哥哥袁军家门口时,不小心把袁军家的一只小鸡踩死了。"你没长眼睛吗?"袁军大怒道。"我又不是故意的。"袁华忙说。"我不管你是不是故意的,你得赔我小鸡!"袁军怒不可遏,随即向弟弟抓去,抓伤了弟弟的左手。兄弟俩为此闹上了万州区法院,弟弟袁华要求哥哥赔偿损失费500元,民庭王法官调解无效。

当王法官再一次调解袁华兄弟纠纷时,出人意料的是,他不谈案件,而是说:"我请你们听几首歌曲!"他随即打开准备好的播放机,让兄弟俩听了《父老乡亲》《我的兄弟姐妹》等歌曲。在听歌曲的过程中,袁华偷偷地抹泪。"王法官,我撤诉算了。"歌曲刚一放完,袁华走过去拉住王法官的手说道。兄弟俩当庭握手言和。

那么,是什么原因使得弟弟袁华得出撤诉的结论?显然不是王法官曾经说过的那些道理,而是歌曲唤起的兄弟之情。正如事后袁华所说,是歌曲饱含的深情打动了他,使他领悟到兄弟真情的可贵。

再看例5:

1993年的一天,日本札幌市一个4岁男孩从8层楼上掉了下来。男孩的妈妈,小山真美子正在楼下晾晒衣服。她看到这一情景,立即飞奔过去,赶在小孩落地之前把孩子抱在了怀里。

这一消息在《读卖新闻》刊出以后,引起日本盛冈俱乐部法籍田径教练布雷默的质疑。因为根据报上刊出的示意图,他发现,要接到从25.6米高度落下的孩子,这位站在20米外的妈妈,必须跑出每秒9.65米的速度。而这一速度,在当时的日本,就是最好的田径运动员都难以达到。

布雷默决定拜访小山真美子。但当真美子站在他面前时,布雷默惊愕得几乎凝固了,因为对方竟是一个身高不足1.6米、身体略显纤弱的少妇。

布雷默回到法国,在巴黎成立了一家以小山真美子第一个法文字母命名的田径俱乐部,几年后培养出500米世界冠军沃勒。沃勒在回答记者的提问时说:"每个人体内都有1万台发动机,这次我打开了第1万台。因为上帝赋予你的能量,足以实现你的任何梦想——只要你有小山真美子那种对儿子的爱。"

聪明的读者也许会说,小山真美子只是一次异乎寻常的行动,而不是推理。在那一刹那,她来得及推理吗?其实,人们的行动总是受到思想支配的,即使是一刹那,真美子也能够完成推理。这一推理的外显前提是孩子从楼上坠落的情境,内隐前提是对儿子伟大的母爱,推出的结论是:"我能够接住孩子。"如果不是这样,她的行为就会犹豫,动作就会变形,从而丧失良机,使行动归于失败。要知道,人们的思维速度远比语言速度快不知多少倍,即使电光石火的一刹那,也存在完成推理的可能。

这是一个超越自我能力的极端例子,它令人信服地说明了情感在推理过程中所发挥出来的不可思议的巨大作用。

我们在这里所说的"情感前提",是一个仅仅相对于"理性前提"的宽泛概念。它既包含喜、怒、哀、乐等情绪,也包含诸如性格、意志、信仰等其他心理现象。这些心理现象,有的本身就是一种情感,如情绪;其他如性格、意志等,也都包含情感因素,并且同情感一样,都有一些说不清、道不明的"意味"成分,在推理中充当不能言说的内隐前提。

情绪。心理学认为,人们的情感包括感情和情绪。相比较而言,爱情、亲情、友情等感情具有较大的稳定性和深刻性,而喜、怒、哀、乐等情绪则具有情境性和短暂性。"我觉得力不从心,所以我肯定完不成这个任务。"这种"没有被别人打倒,先被自己打倒"的推理,学者们称之为"情绪推理"。

性格。性格是个性中鲜明地表现出来的情感和意志特征。对于同一个事实的推理,不同性格的人会推出不同的结论,这是日常生活中常见的现象。比如甲乙二人对饮,一瓶酒喝完半瓶,悲观者说:"只剩半瓶了。"而乐观者则说:"还有半瓶哩!"他们之所以推出了不同的结论,原因就在于内隐的性格前提不同。

意志。意志具有强烈的目的性,是情感因素和理性因素共同起作用的心理过程。意志坚强的推理者,其内隐前提是:"只要你愿意去做,这世上没有什么是不可能的。"而意志薄弱的推理者,其结论通常是悲观和消极的。

信仰。包括宗教信仰、政治信仰等。宗教学家研究认为,像敬畏和崇拜这样的感情对宗教来说是根本性的。政治信仰也具有信服和崇拜某种主义的思想感情。有人说:"屁股决定脑袋。"这"屁股"就是一个人的信仰或者立场、观点。对于推理者来说,"道不同不相为谋",其结论也迥然不同。

从以上的讨论中可以看出,由于日常推理存在许多内隐的情感前提,而这些前提又往往体现了不同推理者不同的感情、性格、意志和素养,从而得出了不同的推理结论。而人们的感情、性格、意志和素养又都具有相对的稳定性,所以能够在一定程度上决定着不同人的不同人生命运。

俗话说:"不是冤家不聚头。"情感思维与理性思维就是一对冤家。心理学家的最新研究表明,人类除智商(IQ)以外还有情商(EQ)。智商高的人并不都是成功者,而情商高的人却由于不怕困难、善于同别人合作,更容易获得事业的成功。但是,推理中的情感参与并非总是好事,情感一旦扭曲了推理的运作,所得出的结论就难免偏离正确轨道。

在日常推理中,并非理性思维无足轻重,可以任凭情感左右推理的结论。情感为我们带来激情,而理性则带来"冷静"和理智。作为推理,我们所需要的是理性与情感的和谐统一,即在理性制约下发挥情感在推理中的积极作用。我们需要的是清醒而有感情的推理者。

一位心理学家说,情感很像水,它可以波涛汹涌,使人心情激越而不平静,丧失理性而陷于狂乱。它也可以像一泓秋水,波平如镜,清澈无比,现出人性温柔的一面。情感的状况决定着个人的行为特质,情感得不到健康发展,压力得不到化解,则精神生活必然受到严重破坏。

在生活中,如果我们的精神生活受到破坏,或者说遭遇心理障碍,就得求助于理性思维,或者请教心理医生,进行合理的心理治疗。所谓"求助于理性思维",就是让激越的心情平静下来,"想一想""再想一想",然后审慎地揿动人生开关。至于心理医生的治疗,简要地说,就是以理性治疗非理性,让情感受到理性的约束,实现在推理中理性和情感的和谐统一,迈上心理健康的人生道路。

第三节　前提的真假

一、真假的判定

在人们的日常推理中,首先考虑到的应当是前提真实与否。如果前提就是假的,无论推出的结论如何,那又有什么实际的意义呢?所以正确的推理操作,先要判定前提的真假。

那么,怎样才能判定推理前提是真实的还是虚假的呢? 逻辑书上说,凡是与客观事物相一致的就是真实前提;凡是与客观事物不相一致的便是虚假前提。

这样的判定标准似乎再简单不过,很容易掌握;其实不然。在推理的实际操作过程中,由于推理情境的复杂性,有一些前提的真实性看起来明白无误,可是实际上却是虚假前提。

例如:

有一个年轻人喜欢夜间写作,以致天大亮还徜徉在梦乡里。一天早晨,老婆把他从美梦中叫醒,说:"周爹都下去晨练了,你还在睡懒觉!"

周爹是前不久才从农村来到城里生活的老人,但他似乎很快就融入了城市人的生活——开始了晨练,而且风雨无阻。这位年轻人亲眼看到,那天大雨滂沱,周爹居然穿着雨衣坚持晨练。老婆说:"这就叫精神! 这就叫毅力! 你多学着点儿。"在周爹的影响下,这位年轻人也开始了在室内的晨练。虽然学生时代的广播体操全没印象了,但是踢踢脚,伸伸腿,原地跑跑步,做做俯卧撑,也觉得一整天都有精神。

一天,周爹的儿媳过来借东西,老婆夸她公公是"晨练标兵",她一听就笑了起来,说:"那是老头儿不习惯坐抽水马桶,每天早晨硬要去远处上公厕。"啊,原来如此!

又如：

某城市小区实行封闭式管理，给每户发了几张 IC 卡，用于开楼梯口的大门。某女士的婆婆前些时候从农村来帮她带小孩，她拿了一张 IC 卡给婆婆，告诉婆婆怎样使用，并嘱咐她随时带在身边，以免进不了大门。

有一天，婆婆来到楼梯口，看见一个高个小伙子走在前面，他两手都提着东西，稍微犹豫了一下，潇洒地朝刷卡器抬了抬屁股，门就"咔嚓"地开了。跟在后面的婆婆觉得新鲜有趣。

隔天傍晚，婆婆带着孙女儿在公园里玩耍，碰到几个熟人，于是天南海北地聊了起来。有的说："现在城里的东西真先进，开门都不用钥匙，刷刷卡就可以了。"有的说："我听说有的地方按按手印或者照照眼睛，电脑就知道你是谁，要不要给你开门。这叫人工智能。"婆婆马上接口说道："这有啥稀奇？我们小区就有这样的人工智能。前天，我亲眼看到一个小伙子对着开门的电脑照照屁股，门就开了。只可惜我没他高……"

人们常说："眼见为实。"其实未必。在这两个例子中，年轻人和他的老婆都亲眼见到周爹每天早晨出门跑步，某女士的婆婆也亲眼看见小伙子照照屁股门就开了。你能说不是事实吗？然而推理情境却给推理者开起了玩笑。原来周爹每天早晨跑出家门是为了上远处的公厕，而不是晨练；小伙子照屁股，那是因为 IC 卡装在后面的裤兜里，而他两只手提着东西无法取卡。可见，眼见未必为实，判定推理前提的真假，不要轻易地相信自己的两只眼睛。

由于推理情境是极端复杂的，因此不难理解：有时候会有某个情境因素逃过了我们的眼睛,以至于"只知其一,不知其二"。要紧的是在这种情况下,推理者如果匆忙地进行隐性假设,就有可能制造出虚假前提,导致推理失误。

如果说眼见未必为实,那么耳闻就一定为实吗?人们常说:"眼见为实,耳闻是虚。"既然眼见都未必为实,那么耳闻似乎更不是那么可靠了。

例如:

古代宋国有个丁姓人家,因为家里没有井,经常要有一个人到外面去取水。后来,丁家人挖了一口井,便对乡人说:"我家挖了一口井,得到一个人。"有人在听到别人的传说后便传说:"丁家挖井得了一个人。"国内的人到处这样说,连宋国的国君也听到了,他于是派人到丁家查问。丁家人回答说:"是得到一个人的劳力,并不是在井中得到一个人啊!"

这是中国古代一个很有名的故事。丁家人说:"我家挖了一口井,得到一个人。"这个说法生动形象,只是听话人的"传说"不准确,以致以讹传讹,一直传到国君那里,引起了一场不小的误会。

可见,耳闻也未必为实,我们同样不要轻信自己的两只耳朵。

看来正确地判定前提的真实性,远不是"耳闻目睹"那么简单。在许多情况下,要判定前提的真假还得多问几个"为什么",搜索一下其他情境因素,做一番调查研究。比如周爹初来城市,不大可能这么快就会融入城市人的生活。他每天出门跑步,是不是出于某个尚不知晓的原因?那对年轻夫妇的错误就在于自以为"是"地假设了周爹是"晨练标兵"。同样,那位婆婆的错误也在于自以为"是"地假设了照屁股就能开门,而不考虑小伙子的裤兜里装有 IC 卡。至于丁家挖井的那些"传说"者,也都自以为"是"地做了错误的隐性假设,制造了虚假前提,让听话人应用这样的前提去进行错误推理。这件事情最后得以澄清,还是因为国君派人做了调查。

陆放翁诗云:"纸上得来终觉浅,绝知此事要躬行。"判定推理前提的真假,其最终的标准是实践。也就是说,推理的前提只有在实践中检验出它们同客观事物相一致,实现推理者主客观相统一的时候,它们才能算是真实的前提。

例如:

诗人流沙河陪同余光中游览成都武侯祠,来到三国名将张飞的塑像前,见解说牌上写道:"张飞字益德。"这使两位文化名人大为愕然:"张飞不是字翼德吗? 难道展览馆的工作人员写错了?"

事后,流沙河越想越感到蹊跷,觉得需要查证。于是他查阅史书《三国志》,书上果然写着"张飞字益德",原来如此! 他想:《三国志》乃西晋史学家陈寿所著,应是信史,而《三国演义》是小说,《三国演义》说"张飞字翼德",自然不能作为真实性的依据。为避免余光中在文章中出现错误,他立即去信告知。

这就是诗人流沙河的求真精神!

又如:

爱迪生在寻找适合做电灯丝材料的实验中,做了一千二百次的实验都没有成功。有人说:"你已经失败了一千二百次,还要实验下去吗?"爱迪生回答说:"不,我没有失败,我已经发现一千二百种材料不适合做灯丝。"

这就是大发明家爱迪生的求真精神!

屈原《离骚》中的著名诗句:"路漫漫其修远兮,吾将上下而求索。"其中"求索"一词的原意是指寻找知音(寻找理解他的君王),但人们更多的是在"追求真理"的意义上来引用这两句诗的。在判定推理前提的真实性时,我们需要的就是这种上天下地的"求索"的精神。

二、真假与情境

如前所述,推理前提的真假应当取决于它与客观事物是否相一致。可是在日常推理中,许多前提的真假并没有一个严格的客观标准。它们只是在特定的推理情境中才有真假可言,一旦离开了特定的情境,谁也说不清它们是真是假。

依赖于情境来判定推理前提的真假,我们着重讨论以下两种情况:一是评价语句;另一是艺术真实。

(一)评价语句

推理前提中有一种评价语句,它们带有说话人的感情色彩,并且总是与某种道德或人生的信仰、爱好,或审美的观念、能力等相关联。如果离开了特定的情境,这样的语句也就无所谓是真是假。

例如：

2002 年 1 月 3 日,海明威《老人与海》中的主人公原型——弗安特斯去世,享年 104 岁。第二天,互联网上发布了这样一则公告:

"有个人,几乎什么都有,可是,在他获奖后不久,却用猎枪结束了自己 62 岁的生命。而一个靠出海打鱼为生的渔夫,却悠然地颐养天年。请问为什么一个拥有一切的人选择了死亡,而一个一无所有的人却选择了活着? 假如你已经知道了答案,请发给我们,我们愿意把它刻在这位诺贝尔奖获得者的墓碑上,因为他的墓碑至今还空着。"

公告发布之后,世界各地的网民踊跃响应。对于海明威的碑文,有人主张,正面:人生最大的满足来自对目标的追求。背面:一个人一旦在自己从事的领域达到了顶峰,就会有一种空前的寂寞,这种寂寞感所带来的迷茫和绝望会把你送进天堂。有人主张,正面:成功也是一件非常可怕的事情。背面:人人都追求成功,其实成功的背后往往隐藏着魔鬼,而失败的背后才有一个救命的天使。有人甚至主张,正面:无话可说。背面:生命是一种太好的东西,好到你无论选择什么方式度过,都像是一种浪费。

在这样一段热闹的时间里,老渔夫的儿子公布了一封信,说是海明威在去世前一天写给他父亲的,并嘱咐他父亲帮着刻在墓碑上。信上说:人生最大的满足是对自己的满足。

以上这些语句都是对海明威自杀原因的回溯。海明威选择自杀是"所以",亦即结论。那么这个"所以"的"因为"——推理的前提是什么呢? 这些语句就是不同推理者所提供的不同的推理前提。

那么我们要问：这些语句中究竟哪一个是真实前提呢？大概读者会说，"人生最大的满足是对自己的满足"这句话是真实的，因为这是海明威自己说的。不过，我们并不是这个意思。我们的意思是：这些语句在客观上哪一个是真的？也就是说，其中哪一句话与客观事物相一致？

事实上，这些语句都是评价语句，它们本身没有什么真或假，它们的真实性存在于每个人（或群体）的人生信仰里。海明威的那句话，也不过是他自己的人生信仰而已。

在人生的旅途中，由于种种原因形成了许多各不相同的人生信仰，从而产生了各种不同的价值观念。比如东方人和西方人，老年人和年轻人，教徒和非教徒，等等，他们的价值观念往往大相径庭。

笔者依稀记得一个很典型的例子：

20世纪80年代，在美国的一所大学里，教授给留学生讲了一个故事，要他们评价其中的人物。故事是这样的：

有一个女孩与恋人隔河而居，每天在小桥上约会。因为连天大雨，河水冲毁了小桥，女孩日夜思念男友，想请一个划船的青年帮她渡过河去。那青年的条件是：女孩当晚留宿他家。女孩答应了。第二天，女孩过了河，与男友相拥，喜极而泣。当男友得知女孩是怎样过河的，他推开女孩，打了女孩一记耳光。

评价会上，中国留学生认为，划船青年趁此机会欺侮女孩，品质恶劣；女孩不该付出如此代价；男友无错。而来自欧洲的留学生们则认为，划船青年最棒，他乐于助人，敢说敢为；女孩是个情种；男友最差,他不设法会女友,还伤害了她。

对于同一事件,东西方留学生的评价竟截然相反。那么哪个为真、哪个为假呢?

莎士比亚说:"事情没有好与坏,只在于你如何看待。"也就是说,看你如何评价。由于东西方文化背景不同、评价系统有别,才会有上述截然相反的评价,说不上谁真谁假。其他如善和恶、美和丑、进步和落后、伟大和渺小、满足和不满足等,都是一个人或一个群体对于某个事物的评价。

以评价语句为推理前提,都只是在特定的情境中才有真实性可言。由于这个原因,所以在海明威碑文的建议里,在美国这所大学的课堂上,以及对任何其他事物的评价中,都难免"公说公有理,婆说婆有理",或者叫作"仁者见仁,智者见智"。

不过,评价语句是不是就一定与客观事实毫无关系呢?或者说,评价语句就真的没有客观上的真和假吗?事实并不总是如此。评价语句带有说话人的某种感情色彩,但是在许多情况下也包含有一些事实方面的东西,而这些事实方面的东西仍然是有真假可言的。

例如:

"郑板桥的字也很好。我喜欢。"

评价语句"(郑板桥的画很好)郑板桥的字也很好",既带有感情色彩,也包含事实成分,客观上有真有假。"我喜欢",说明说话人的个人爱好,只有在"我"的评价系统(推理情境)里才有真假。

如果我们对比下面的语句,就会更加明显地看出评价语句中所

包含的事实成分,并由此判定语句的真假。请看:

"郑板桥的字也很好,但是我不喜欢。"

尽管两个说话人爱好不同,但都承认"郑板桥的字也很好"的事实。从这个意义上说,"郑板桥的字也很好"就具有一定的客观性。因为书法的好与坏,毕竟有其一定的客观标准。至于"我喜欢"或者"我不喜欢",这是由不同说话人的不同评价系统决定的。

如果换成下面的句子:

"阿 Q 的字也很好。我喜欢。"

我们不难发现,这最后一个句子是假的。因为阿 Q 不识字,更不会写字,只是他在被枪毙之前画过圆圈,而且画得并不很圆。

由此可见,对于判定评价语句的真假,情况比较复杂。首先,不能简单地看成是否与客观事物相一致,而是要同特定的推理情境联系起来;其次,要看到它们的感情色彩中往往包含某些事实成分,而这些事实成分仍然存在与客观事物是否相一致的问题。

(二) 艺术真实

艺术的真实有别于生活的真实。判定生活真实的推理前提可以考察它是否同客观事物相一致,而判定艺术真实的推理前提,则要考察它是否同特定的艺术情境相一致。

例如在《红楼梦》中贾宝玉与林黛玉初次见面时的一段对话:

宝玉便走近黛玉身边坐下,又细细打量一番,因问:"妹妹可曾读书?"黛玉道:"不曾读书,只上了一年学,些须认得几个字。"宝玉又道:"妹妹尊名是哪两个字?"黛玉便说了名。宝玉又问表字。黛玉道:"无字。"宝玉笑道:"我送妹妹一妙字,莫若'颦颦'二字极妙"探春便问何出。宝玉道:"《古今人物通考》上说:'西方有石名黛,可代画眉之墨。'况这林妹妹眉尖若蹙,用取这两个字,岂不两妙!"探春笑道:"只恐又是你的杜撰!"宝玉笑道:"除了《四书》外,杜撰的太多……"

这一段对话是真还是假呢?也就是说,它们在内容上同客观事物相一致吗?如果说是真的,那么问题来了:这些只是小说《红楼梦》中的话语,而《红楼梦》只是作家曹雪芹创作的艺术作品,贾宝玉、林黛玉这些人物都是作家创造,亦即"虚构"出来的艺术形象,他们的对话自然没有什么真假可言。可是,如果我们判定这些都是假的,那么问题又来了:《红楼梦》是"中国封建社会的百科全书",红学家们的研究著作可谓"汗牛充栋",我们能说这些都是假的吗?《红楼梦》的男女主角——宝玉和黛玉,他们的相识、相爱就是从这里开始的,如果我们否定了这段对话,那么以后的故事怎么发展呢?

其实,作为艺术真实,只要与艺术家所创作的艺术情境相一致,那么就应当看成是真实的,因为艺术真实并不等同于生活真实。学者们把像《红楼梦》这样的艺术情境称为"可能世界"——能够为人们所想象的所有情境。在艺术的可能世界里,只要它不违背生活的逻辑,也就是"合情合理",不出现自相矛盾的情况,就应当看成是真实的,一种艺术的真实。因此,《红楼梦》中这段对话,应当说是真实的。

《红楼梦》中的"太虚幻境"有一则楹联云:"假作真来真作假,无为有处有还无。"似乎一切都弄颠倒了,但它还是一个可能世界。因为在"太虚幻境"里没有出现自相矛盾,所以仍然属于艺术真实。

"可能世界"的理论不只适用于艺术作品,比如前面说到的善和恶,属于道义的可能世界,美和丑属于审美的可能世界,判定它们的真假依赖于相应的情境。比如"放下屠刀,立地成佛""情人眼里出西施",都是在相关的可能世界里才有真假。

应用"可能世界"的理论来解释艺术真实,很容易为读者们所理解、所接受。一本小说、一个故事或者一篇童话,只要我们把它看成是艺术的可能世界,就都有了真假可言。

例如有人说:

"孙悟空会七十二变。"

你会认为这句话是真的,因为在《西游记》中就是这样写的。

如果有人说:

"孙悟空会七十三变。"

你一定会说:"错了!孙悟空只会七十二变。只有二郎神才会七十三变,孙悟空就败在二郎神的手里。"

《西游记》是一部神话小说,情节离奇,从生活真实的角度来看,这里的人和事全是假的,但是作为可能世界,它们又都是真的。我们说它们是"真的",指的就是艺术真实。

三、多值的真

我们说一个推理的前提非真即假,非假即真,不能既是真又是假,也不能既不真也不假。这些都是就二值逻辑而言的。在二值逻辑里,一个语句只有两个值:真值或假值。语句为真的叫作真值,语句为假的叫作假值,没有第三种可能。语句的真假值,为了方便,可以简单地称为"真值"。

然而在日常推理中,一个语句未必只有两个值,它可能是三个值、四个值,乃至更多的值。它们是多值的真。

例如:

阴雨连绵,和尚们的脸色也是阴沉沉的。老和尚说:"明天天晴。"这就像云缝里透出一缕阳光,和尚们开心不少。可是第二天依然下雨,老和尚又说:"明天天晴。"当然,这还是一种希望。天天下雨,老和尚天天说:"明天天晴。"终于,天晴了。

老和尚是个乐天派,从阴霾中看到光明,并且给周围的人们带来希望。那么我们要问:"明天天晴"这句话是真还是假呢? 对于第二天来说,老和尚的话可以检验为真或者为假,但是就说话的当天而言,由于"明天"还没有到来,既不能说它是真的,也不能说它是假的。这句话只是"可能为真",即第三值: 可能真。以"明天天晴"为前提进行推理,只能推出"明天可能天晴",不能推出"明天必然天晴"。这样的逻辑称为"三值逻辑",或"多值逻辑"。

在日常推理中,前提的真有时还有程度上的区别,比如四分之三的真、二分之一的真、五分之二的真等,这是更多值的真。

例如:

有甲、乙、丙、丁四名优秀体操运动员参加男子体操决赛,由专家小组按百分制评分。比赛结果是：甲——90分；乙——80分；丙——98分；丁——95分。

我们将这些分数除以100，就可以得出他们"优秀"的真实程度了。他们"优秀"的真实度分别为：甲——0.90；乙——0.80；丙——0.98；丁——0.95。

由于"优秀"是个模糊概念，有人说，某人是优秀的体操运动员，这句话在多大程度上是真实的呢？通过上述方法，我们可以得出不同的真实度，亦即不同的真值。就上例而言，丙最优秀（0.98），丁次之（0.95），甲又次之（0.90）。相对地说，乙的"优秀"真实度最低。但是乙有0.80的优秀度，仍然称得上"优秀的体操运动员"。如果优秀度在0.60以下，这个人作为"优秀的体操运动员"不免大打折扣；如果优秀度为0或者趋近于0，那么"某人是优秀运动员"这个语句，就只能说是假的了。

在日常推理中，含有"年老""聪明""老实""美丽"等模糊词的语句，也都存在不同的真实度问题。作为推理前提，它们都是多值前提。它们的真值，理论上可以多到无限，比如0.980、0.9801、0.98015等。

如果以多值语句作为推理前提，通常需要添加包含真实度的前提才能推出比较准确的结论。

例如一位老人与一位年轻人的对话：

老人：我老了。没用了。

年轻人：不，您还不算老，用处大着哩！

老人的话是个推理:"我老了"为多值前提,"没用了"是结论。确定这个推理是否正确,取决于老人"年老"的真实度。如果老人非常非常老,结论是真实的;如果只是有点老,比如60多岁,结论便是虚假的。年轻人补充了这个前提的真实度,说他不算老(只是有点老),因而否定了老人推理的结论,并且推出自己的结论:"用处大着哩!"

又如:

甲:这个女人这么美!

乙:大概是电影明星吧。

甲和乙的对话构成一个推理:甲的话是个评价语句,为前提;乙的话是结论。与前例不同的是,"这个女人这么美",已经给出了前提的真实度,即"她非常非常美"。所以,乙可以直接推出结论:"大概是电影明星吧。"其中的"大概",表明结论属于"可能真"。

推理前提可以具有若干个真值,这样的真值观启示我们:可以从真假值并非那么清晰的话语中,推论出许多很有价值的结论,而不必拘泥于简单的非真即假的二值逻辑。

就日常推理而言,前提的真实与虚假固然重要,但是在许多情况下,我们更看重前提的真实性程度,即真实度。前提的真实度越高,对结论的支持力度就越大。

在这一章里,我们主要讨论了日常推理的前提问题,间或涉及推理的结论。实际上,推理的前提和结论只具有相对的意义:推理的前提是相对于特定的结论而言的;推理的结论也是相对于特定的前提而言的。如果某一个前提的真实性需要证明,那么这个前提会成为另一个推理的结论;如果以一个推理的结论为前提进行推理,那么这个结论就成为一个新的推理的前提了。特别是在连续的推理中,前一个推理的结论往往就是后一个推理的前提。

下一章主要讨论推理的结论,当然也会涉及前提问题。

第四章 结 论

第一节 结 论 的 推 出

一、从前提到结论

我们在第一章就曾经说过,推理的基本模式是：A,所以 B。A
是前提,B 是结论。同时也说过,这里的"所以"非常重要,它表示从
前提可以"逻辑地"推出结论。如果没有"所以",前提和结论就不能
够联系在一起,也就是说,不能构成推理。

那么,"逻辑地"究竟是什么意思? 怎样才能从前提"逻辑地"推
出结论?

"逻辑地"的意思是说,推理前提和结论之间存在着一种"蕴涵"
关系。人们就是根据这种蕴涵关系,从前提 A 推出结论 B 的。否
则,A 和 B 就不能构成推理,结论"所以"就不能成立。

那么什么是"蕴涵"? 蕴涵就是"如果,那么",如果 A 是真的,
那么 B 也是真的。如何确定前提 A 的真假? 这就是前一章所说

的,看它是否与客观事物相一致,或者依据个人或群体的评价系统,或艺术真实。如果确定了前提 A 为真,那么它所蕴涵的结论 B 就是真的。

例如,"天黑了,还去干吗?"我们说它是个推理,即:因为天黑了,所以不必去了。("还去干吗?")说话人的推理根据就是某个群体的共识,亦即这个群体的评价系统,从而建立起两句话之间的蕴涵关系:"如果天黑了,那么不必去了",并且从前件"天黑了"推出后件"不必去了"。它的推理式应当是:

> 如果天黑了,那么不必去了。
>
> 天黑了,
>
> 所以,不必去了。

这是"如果"推理的肯定前件式。如果大小前提都是真实的,并且无遗漏,那么这个推理就是一个正确推理,结论为真。

这个推理的前提 A 是个集合:$A = \{A_1, A_2\}$。"如果天黑了,那么不必去了"为 A_1,即大前提;"天黑了"为 A_2,是小前提。大前提的真实性取决于在某个群体的评价系统中是否为真,小前提的真实性取决于它是否与客观事物相一致,亦即当时天是不是真的黑了。

由此可见,在"如果"推理的模式中,作为大前提的"如果,那么"确实存在,因为它体现了前件和后件的蕴涵关系。否则,"天黑了"和"不必去了"两个分句是不能构成推理的,也就是说,从前提不能推出结论。由于推理模式与推理的表达并不是同一件事情,为了避免啰嗦,省略了"如果"的大前提,直接说成:"天黑了,还去干吗?"

前提和结论的蕴涵关系表明:蕴涵即是推理,有了蕴涵,就可以从前件推出后件;反过来说,推理也就是蕴涵,推理都可以写成蕴涵式。

上述推理可以写成如下蕴涵式:

> 如果,如果天黑了,那么不必去了,
>
> 并且天黑了,
>
> 那么,不必去了。

其蕴涵模式应为:

$$如果(如果\ p\ 那么\ q,并且\ p),那么\ q$$

前提与前提之间用"并且"联结,前提与结论之间用"如果,那么"联结。这个蕴涵模式表明:推理的前提蕴涵结论。

同理,"或者"推理也可以写成蕴涵式。例如:"我去或者你去,我去不成,所以你得去。"其蕴涵式为:

> 如果我去或者你去,
>
> 并且我去不成,
>
> 那么,你得去。

三段论也是如此。例如:"市长是为人民服务的。我是市长,所以我是为人民服务的。"蕴涵式为:

如果市长是为人民服务的,

并且我是市长,

那么,我是为人民服务的。

我们把演绎推理必然式的前提和结论看成蕴涵关系,这是不难理解的。那么,归纳推理和类比推理(还有演绎推理的可能式)呢?我们认为,即使是类比推理和枚举归纳推理,它们的前提和结论之间也都可以看成蕴涵关系。它们的蕴涵式可以分别写成:

如果 S_{1-n} 是 P,那么 S 可能是 P

如果 A 相似 B,并且 A_i,那么可能 B_i

前者为枚举归纳推理的蕴涵式,后者为类比推理的蕴涵式。作为蕴涵式,如果前件"A"是真的,那么它所蕴涵的后件"可能 B"也是真的。当然,作为推理,它们的结论只是可能真,而不是必然真。

在演绎推理中,如果是可能式,那么在它们的蕴涵式中,也不要忘记添加"可能"二字。因为忘记添加"可能"二字,那就可以理解为必然式。作为必然式,它们的前提和结论之间并不具有蕴涵关系,因而成为错误推理。

二、推出和推不出

一个推理,正确地从前提推出结论,其前提与结论之间必须具有蕴涵关系,否则为推不出。

在日常推理中,前提与结论之间具有蕴涵关系,至少必须满足四个条件:前提真实;前提充足;前提与结论相关联;推理模式有效。如果不能满足这些条件,这样的推理错误就称为"推不出"。

由于日常推理都是在具体情境中进行的,而具体情境又是非常复杂的,往往存在许多内隐前提,因此,要满足这四个条件,并不是一件容易的事情。下面分别讨论这四个条件。

(一) 前提真实

前提真实是正确推理的首要条件,如果前提不真实,那么推出来的任何结论都是不足信的。因此在推理的时候,我们最先关注的就是前提的真实性。如果前提不真实,这样的推理错误叫作"前提虚假"或"虚假前提"。

例如:

一名研究生来到秦岭的一所希望小学支教。上第一节课时,他问学生:"你们上学要花多长时间?"孩子们回答说,最远的要一个多小时,最近的也要半小时。

下课时,研究生问:"刚才谁说上学只需要半小时?"一个小女孩站起来回答说："老师,是我。"研究生说："放学后别走! 老师送你回家,顺便去你家家访。"

一路上,小女孩告诉研究生,她回家后除了看书、做作业,还要洗衣服、喂猪、拔草、照顾弟弟。研究生听了,心里酸酸的,才 12 岁的小姑娘,却承担了这么重的家务。

天色渐渐地暗下来,从出发到现在已经超过一小时了。研究生问小女孩:"你不是说上学只要半小时吗? 我们走了一个多小时,还没有到你家。你怎么能对老师说谎呢!"小女孩抬起头,泪水在眼眶里打转,小声地回答说:"我每天是跑着上学的。"

这是一个很感人的故事。小女孩说,"上学只要半小时",老师以此为前提进行推理:因为只要半小时,所以他可以送小女孩回家,顺便进行家访。可是走了一个多小时还没有到女孩的家,老师认为小女孩提供了虚假前提,并且推出结论:小女孩是在说谎。出乎意料的是,小女孩说她是跑着上学的。小女孩的推理是:"因为我是跑着上学的,所以只要半小时。"以此证明自己并没有说谎。也就是说,她没有给老师提供虚假前提。

"上学只要半小时"这句话究竟是真还是假呢? 在小女孩的推理情境中,它是真实的。但"我是跑着上学的"这句话,在小女孩说出来之前,只是个特定情境中的内隐前提,研究生并不知道,所以误认为虚假前提,错怪了小女孩。

又如:

某甲和女朋友相处不久,却经常被公司派出差。他心中十分郁闷,认为经常出差会影响自己和女朋友的关系。躺在旅馆里,他想着公司是不是对自己有看法,为什么经常派自己出差,而别人却好好地待在公司里。

在这里,某甲有两个相关联的推理:一是认为公司对他有不好的看法,所以经常派他出差;另一是经常出差会影响自己与女朋友的关系。然而事实并不是这样,两个推理都是错误的。

在第一个推理中,推理者认为,公司对他有不好的看法,然而事实并非如此。公司经常派他出差,只是因为他没有家室,出差要比有家室的人方便一些。某甲这个推理就是犯了"前提虚假"的错误。

至于第二个推理的错误,因为不属于前提的真实性问题,留待后面再作讨论。

(二)前提充足

一个推理,如果前提是个集合,即 $A = \{A_1, A_2, \cdots\cdots, A_n\}$,这 n 个前提必须齐备,至少影响结论真实性的前提不能缺少。否则,前提和结论不具有蕴涵关系,从前提推不出结论。这样的推理错误叫作"前提不足"或"遗漏前提"。

例如:

某城市的一所非重点大学,毕业生们面临就业都感到信心不足,可是班主任在班会上却说:

"你们完全不必妄自菲薄,我相信你们才是这个城市未来的栋梁。"

"别自欺欺人了。"底下议论纷纷:"不说北大、清华,本市还有几所重点大学,我们算什么啊……"

班主任看看大家,信心十足地说:"清华、北大的毕业生将来大多数建设欧美去了,本地名牌大学毕业的去建设上海、深圳,所以在本市这块土地上,将来你们不是栋梁谁当栋梁?"

"你们才是这个城市未来的栋梁。"这是班主任推理的结论,而学生们却没有推出来,因为他们缺少所需要的前提。班主任补足了这些前提,即"清华、北大的毕业生将来大多数建设欧美去了,本地名牌大学毕业的去建设上海、深圳",结论也就无可争议了。

又如:

美国的一位母亲丽迪亚·菲切尔德,她有两个孩子,在申请华盛顿州的公共补助金时,经过 DNA 鉴定,结论为:她不是孩子的母亲,而且不同部门的测试结果完全一样。丽迪亚反而因此成了福利欺诈罪的嫌疑犯,连律师也不愿为她辩护。丽迪亚陷入了百口莫辩的困境。

然而事有巧合,远在波士顿的另一位母亲凯伦与丽迪亚的遭遇极其相似,而凯伦的医生们竟然解开了这个谜团。原来凯伦本是双胞胎,但在母体的子宫中,两个受精卵子相融合,形成了带有两种不同基因的一个胎儿。因此凯伦表面上是个独立的个体,但在她体内,双胞胎一直以 DNA 的形式"隐形"地存在着。

凯伦的信息传到华盛顿州,医生们从丽迪亚的卵巢取样,证明了她的 DNA 和孩子们的完全匹配,终于还了丽迪亚清白。

这是一个罕见的"遗漏前提"推理实例。它告诉我们,即使已有前提完全真实,也未必能够推出必然为真的结论。因为在极端复杂的情境中,有可能内隐了极难发现而又必不可少的推理前提。特别是在那些至关重要的推理中,推理者不可不慎,不要轻易地作出必然性的推论。

(三)前提与结论相关联

一个推理的前提是真实的,但是和结论在事实上不相关联,如果这样,前提和结论之间的蕴涵关系不能成立,从前提推不出结论。这样的推理错误叫作"前提与结论不相干"。

例如前面说到的某公司某甲的两个推理,其中一个推理属于"前提虚假"的错误,那第二个推理的错误,就是"前提和结论不相干"。某甲认为,经常出差会影响自己与女朋友的关系,而事实却往往是这样:短时间的两地相思更能够体味爱情的甜蜜;如果你能每天给恋人打一个电话,反而会使两人的情感得到更充分的交流。因此,从公司经常派他出差,推不出会影响他和女朋友的关系。

再举一个例子:

警察发现一个青年人在摘别人自行车的铃盖,于是上前阻止。这个青年却说:"我的自行车铃盖被人偷了。"警察说:"这就是你的理由吗?"

这个青年人的推理是:"因为我的自行车铃盖被人偷了,所以我要摘下别人的铃盖。"然而,自己的自行车铃盖被偷,并不能成为摘下别人铃盖的理由。也就是说,推理的前提与结论不相干,所以推不出。

（四）推理模式有效

从前提推出结论,只有严格地按照推理模式,才能实现正确的推理。按照推理模式进行的推理,称为形式有效推理,否则为形式无效推理。形式无效推理的结论是无效的,不管它是真是假。形式无效的推理即使结论真实,也因为前提和结论之间缺乏蕴涵关系而被判为"推不出"。

例如:

> 法官要懂得法律。
>
> 工人不是法官,
>
> 所以,工人不要懂得法律。

这是个三段论,前提真实,但结论错误。它违反了三段论第一格"小前提必须肯定"的规则,是个无效推理。

又如:

> 如果小王是电工,那么他会修电灯。
>
> 小王会修电灯,
>
> 所以,小王是电工。

这是个"如果"推理的肯定后件式,即使大小前提甚至结论都是真实的,也是个形式无效推理。因为它没有说成"小王可能是电工",以致结论就成了必然为真,犯了"以可能为必然"的错误。

再看下面的例子:

> 英雄人物都是星宿下凡。
>
> 岳飞是星宿下凡,
>
> 所以,岳飞是英雄人物。

这个推理很能够说明日常推理的复杂性。它是一个三段论,大小前提都是虚假的(因为它们与客观事物不相一致),推理模式也是无效的(因为它违反了第二格"前提中有一个是否定的"规则),然而奇怪的是,推理的结论却是正确的(与客观事物相一致)。就推理模式而言,这个推理属于形式无效推理。也就是说,一个推理只要不符合推理模式,不管结论是否真实,都是无效推理。

需要说明的是,这个推理的大小前提,在某个"可能世界"(特定的推理情境,比如文学作品)里可以看成是真实的。

第二节 结论的多样性

一、必然真

由于推理情境的复杂性,日常推理通常只具有或然性,结论可能为真也可能为假。但是,这并不意味着日常推理都不具有必然性。如果日常推理都不具有必然性,那么我们怎样理解那些战略家们"运筹帷幄之中,决胜千里之外",军事家们"战无不胜,攻无不克"呢?我们又怎样理解那些企业家们运用智慧创造出巨额的财富呢? 难道这些都是偶然发生的吗? 所谓"规律"即是必然,如果我们掌握了事物发展的规律,那还是可以推出必然为真的结论的。

日常推理的结论必然为真,通常表现为以下两种情况:

(一) 一般情境中必然为真

一个推理,如果是在一般情境中进行的,而不必强调某种特殊情境,其中的情境因素相对稳定,而且为推理者所掌握,那么推理者所推出的结论可以看成必然为真的。

例如下面的推理:

> 上海、北京、天津、重庆都是大城市。
> 现在中国只有这四个直辖市,
> 所以,现在中国的直辖市都是大城市。

> 凡是有生命的东西都会死亡。
> 所有的人都有生命,
> 所以,所有的人都会死亡。

如果人人都会犯错误,那么圣人也会犯错误。

事实上人人都会犯错误,

所以,圣人也会犯错误。

第一例为完全归纳推理,如果前提真实,结论是必然为真的。第二例和第三例为演绎推理必然式,它们的前提都是为实践检验了的真理,推理模式有效,所推出的结论也都是必然为真的。

其他如昼夜交替、寒来暑往等自然现象,以及 2+2 = 4 之类的数学演算,都有规律可循,所推出的结论也都可以看成必然为真。

(二) 特定情境中必然为真

特定情境中必然为真,其结论的真实性随推理情境而转移,一旦离开特定的情境,其必然性就失去了保证。

例1:

美国诺特丹足球队员弗兰克·希曼斯基在一次出庭作证时,法官问他:"你是诺特丹足球队的球员吗?"弗兰克回答说:"是的,法官大人。""那你踢的是什么位置?""中锋,法官大人。""你踢得怎么样?"弗兰克局促不安地扭动了几下身子,但很快就平静下来,坚定地回答说:"法官大人,到目前为止,我是诺特丹足球队历史上最好的中锋。"

弗兰克的回答使得在场的教练颇感惊讶,因为弗兰克一向谦虚谨慎,从不张扬、傲慢。事后,他问弗兰克为什么如此回答,弗兰克窘得满脸通红,他说:"我也不想这样说啊,但是我毕竟宣过誓的,我要实话实说啊!"

弗兰克是个谦虚谨慎之人,平时他不会说自己是最好的中锋,但是在法庭作证的特定情境里,因为"我毕竟是宣过誓的,我要实话实说",所以说出了这句真话。这个结论应当是必然为真的。

例2:

有一篇题为《她不会说坏话》的文章,作者是一位中国女留学生。她交了一个德国女生朋友,叫 Miriam,身材高挑,举止优雅。可是作者好不容易把中德友谊加温到 30 度,温度就再也上不去了。因为 Miriam"太积极了"!她们谈到系里某个教授,作者刚想说他坏话,Miriam 就说:Oh, he is great!(他好棒!)谈到某个学术会议,作者刚想说很乏味,她就说:It's so interesting.(那很有趣。)说到写论文,作者还没来得及说:It's killing me!(快要了我的命!),她就说:It's much fun great!(那个很好玩!)昨天,她刚从印尼回来,满面春风。作者问,调查做得怎样?"Great!"(很好!)去那样一个人地生疏的国家,会不会孤单?"No, not at all!"(才不会呢!)很振奋的声音在作者的面前噼噼啪啪地炸开了。

作者在写她的德国朋友时,列举了一系列 Miriam 只会说好话的事实之后,得出了"她不会说坏话"的结论。这本来是个枚举归纳推理,结论只具有或然性,但是从文章中看,作者内隐了一个前提:在 Miriam 身上体现了德意志民族的特征和她个人的优秀品格,其结论可以看成必然为真。这样加进规律性内隐前提的归纳推理,称为"科学归纳法"。

例3：

《三国演义》有"太史慈酣斗小霸王"一节,写扬州太守刘繇部将太史慈与江东小霸王孙策在神亭岭一场酣战,打个平手。后来刘繇兵败,太史慈被伏兵所擒。以下一段文章说:

策知解到太史慈,亲自出营喝散士卒,自释其缚,将自己锦袍衣之,请入寨中,谓曰:"我知子义真丈夫也。刘繇蠢辈,不能用为大将,以致此败。"慈见策待之甚厚,遂请降。策执慈手笑曰:"神亭相战之时,若公获我,还相害否?"慈笑曰:"未可知也。"策大笑,请入帐,邀之上坐,设宴款待。慈曰:"刘君新破,士卒离心。我欲自往收拾余众,以助明公。不知肯相信否?"策起谢曰:"此诚策所愿也。今与公约:明日日中,望公来还。"慈应诺而去。诸将曰:"太史慈此去必不来矣。"策曰:"子义乃信义之士,必不背我。"众皆未信。次日,立竿于营门以候日影。恰将日中,太史慈引一千余众到寨。孙策大喜。众皆服策之知人。

在这一段文章中,孙策以"子义(太史慈)乃信义之士"为前提,推出"必不背我"的结论。其中的"必"就是"必然"之意。在这个必然为真的推理中,前提并非这么简单,而是含有一系列的内隐前提,包括孙策对太史慈的了解和信任,以及孙策的自信力。这个推理的真实性,在第二天正午就为实践所证实。

在人生旅途中,"自信"是获得成功的重要条件之一。自信是一种自以为"是",但不是"自以为是"。自信虽然也是在信息不充分情况下的认知,但它却由于"知己知彼",提高了推理的"必然性"程度。一个自信的人,在他的人生旅途中会产生许多断定为"一定真"或"必然真"的推理,在那些特定的情境中,它们是必然为真的,否则人生的事业就不可能取得那么多的成功。孙策对于太史慈的信任,正是建立在自信的基础之上。一个不自信的人,自然也不会信任他人。

这些推理都仅仅在特定的推理情境中才成为必然真的,所以它们一般不适用于其他情境。

二、可能真

一个推理的结论为"可能真"而不是"必然真",可以发生在一般情境里,也可以发生在特定的情境里。

(一) 一般情境里可能为真

在推理的一般情境里,类比推理和枚举归纳推理的结论,只是可能为真。这是因为这两种推理的前提和结论之间,前件蕴涵后件"可能"为真的关系。

例如:

传说有一次,鲁班师傅的妻子赤着脚在河边洗衣服,一阵风刮过后,发现放在岸上的一只鞋漂到河里了。她去捞鞋子,可是鞋子漂来漂去,好一会才捞上来。妻子回家后同鲁班说起这件事,鲁班推想,鞋是空的,在水上漂,如果把大木头挖成空的,也会漂在水上。这样,人就可以坐在里面,渡河,打鱼。于是他发明了船。

这是个类比推理。当鲁班进行推理时还只是"可能成真",只有实际造出了船之后,才成为现实的真。

又如:

似乎古代文学家都爱柳。陶渊明以"五柳"为号;欧阳修在扬州大明寺植柳,谓之"欧公柳";白居易有诗:"曾栽杨柳江南岸,一别江南几度春。遥忆青青江岸上,不知攀折是何人。"柳宗元诗:"柳州柳刺史,种柳柳江边。谈笑为故事,推移成昔年。"

这是枚举归纳推理。说话人从若干个文学家爱柳的真实故事推出结论:"似乎古代文学家都爱柳。"也就是说,这个结论可能为真,也可能为假。鉴于杨柳的绰约风姿,文学家们爱柳是容易理解的,但是古往今来,就没有一个文学家不爱柳吗? 如果举出一个反例,必然性的结论就不能成立,所以只能是可能为真。

(二)特定情境中的可能为真

在特定的推理情境中,往往由于情境因素的极端复杂性,推理者难免"只知其一,不知其二",因而结论只是可能为真。

例如:

第二次世界大战期间,盟军诺曼底登陆是一次巨大的成功。最高统帅艾森豪威尔发表讲话说:"我们已经登陆,德军被打败。这是大家共同努力的结果,我向大家表示感谢和祝贺。"

可是当时谁也不知道,在登陆之前,艾森豪威尔还准备了一份截

然相反的演讲稿,那是一篇面对失败的讲稿。讲稿的内容是这样的:
"我很悲伤地宣布,我们登陆失败。这完全是我个人决策和指挥的失败。我愿意承担全部责任,并向所有的人道歉。"

诺曼底登陆经过了长期准备,经过了许多人无数次缜密的推理,成功的可能性极大。但是由于战争属于动态情境,因素极不稳定,很难保证推理结论的必然性,仍然只是可能为真。所以,艾森豪威尔准备了一份失败的演讲稿。

人生的旅行买不到回程车票,尽管有过无数次成功的经历,但也难免有推理失误的时候。如果我们准备一份失败的计划,站在失败者的角度思考问题,就会考虑到推理情境中另外一些因素,从而提高推理必然真的程度。如果我们真的失败了,也不至于惊慌失措,无以应对。相反地,会以坦然的心态去寻求成功率更高的可能世界。

在特定情境中的推理,通常因为内隐了某个(或某些)前提,使得本来必然为真的推理失去了必然性,推出了虚假的结论。也就是说,这样的推理仍然只是"可能为真"。

例如短文《谁坐首位》:

星期天,"我"带儿子去饭店参加同学的聚会。吃饭时要排座次,根据是:谁管的人多,谁就坐首位。同学中有的管五六个人,有的管十几个人,最多的管 20 个人。这时,"我"儿子一下子坐上了首位,并且理直气壮地宣布:"我在班上是班长,管 50 个人,所以我坐首位。"于是,引起大家一阵欢笑。

"我"儿子的推理是:

> 如果谁管的人多，谁就坐首位。
>
> 我管的人多，
>
> 所以，我坐首位。

这是个"如果"推理，看起来正确无误，结论必然为真，实际上却是错误的推理，结论虚假。因为这是一次同学聚会，"谁管的人多，谁坐首位"，这里的"谁"只限于"我"和"我"的同学，不包括"我"儿子。可是在"我"儿子的推理中漏掉了这个重要的内隐前提，所以推出了错误的结论。小孩子无知，自然觉察不了，因而引起了一阵笑声。

当然，这一推理还可以作另一种分析："我"和同学们聚会是个特定的情境，在这个特定的情境中，大前提如果"谁管的人多，谁坐首位"，肯定前件就可以推出后件。这也就是说，在"我"和同学们聚会这个特定的情境中，排除了局外人（比如"我"儿子）之后，可以把上述推理看成为"必然为真"的推理。

综上所述，"可能为真"在特定的推理情境中可以看成"必然为真"，而"必然为真"有可能因为某个（或某些）情境因素而只是"可能为真"。况且，"必然真"和"可能真"都还有真实性程度问题，实际是多值的真。鲁班师傅用漂在水上的鞋来类比一种尚不存在的"船"，只是可能为真，但对于这位发明大师来说，由于意识到其中的规律性，可能真的程度极高，几乎可以看成必然为真。而那位女留学生推断她的德国朋友"不会说坏话"的结论，也不是铁定了的结论，有可能由于某个变化了的情境因素而使结论为假。这也就是说，日常推理中的"必然真"和"可能真"之间并没有严格的"楚河汉界",它们只具有相对的意义。

值得我们注意的是,人们在日常生活中提炼出来的含有"必"字的名言警句,比如"好人必有好报""多行不义必自毙""车到山前必有路""骄则必败"等,未必都是必然的。它们通常不是含有限制词"所有"的判断,而只是"一般地说",如果用作推理前提,其结论并不是必然为真的。

因此,在日常推理中,我们不必过分地强调结论的"必然真"或者"可能真",更为重要的是要努力提高结论的真实性程度,让推理更为有效地为我们的日常生活和人生事业服务。

三、多结论

推理是从前提 A 推出结论 B 的认知过程。前提 A 可以是个集合,即不止一个前提;结论 B 也可以是个集合,即不止一个结论。

例如:

> 所有人都会犯错误。
>
> 所以,没有人不会犯错误。
>
> 所以,有人会犯错误。
>
> 所以,并非有人不犯错误。
>
> 所以,所有人都不会不犯错误。

　　　　　所以，有会犯错误的是人。

　　　　　……

　　从前提"所有人都会犯错误"，至少可以推出这样一些结论"所以"。如果前提是真实的，则这些结论必然为真。这就是多结论的推理。

　　多结论的集合可以写成：

$$B = \{B_1, B_2, \cdots, B_n\}$$

　　日常推理中的多结论，大都出于不同推理者不同的内隐前提，或者说同一推理者的不同角度。

　　例如：

　　从前，一场大雪。一个房间里有四个人，他们分别是：教书先生，官员，财主和农民。教书先生提议写诗，以"雪"为题，每人一句。这首诗是这样写的：

　　大雪纷纷落地，（教书先生）

　　这是皇家瑞气。（官员）

　　再下三年何妨？（财主）

　　放他妈的狗屁！（农民）

　　这个故事大概是文人杜撰的，但是作为"可能世界"，可以用来说明推理的多结论道理。在这一首诗中，第一句为外显的语言前提，其他三句都是从第一句推出来的结论。这三个不同的结论，鲜明地体现了不同作者的身份、思想和情感，说明了他们各有自己的内隐前提

（其中农民的诗句还以财主和官员的诗句为前提）。

其实，在日常生活中，不同的人对于同一自然现象产生不同的感受，对于同一人物或事件会有截然相反的评价，这样的例子俯拾即是。上面这首诗，只不过是把某一生活场景艺术化了而已。

又如：

一辆巴士缓缓地驶到市郊一个小站，只有一对恋人下车，巴士继续前行。当巴士行到一处悬崖之下的时候，突然几块巨大的石头从高空坠落，巴士被砸得粉碎，乘客无一生还。

那对恋人听到这件事情之后说："如果我们没有下车……"一般人都会认为，他们说这句话的意思是："我们也就不会幸免于难了。"但他们却说："那辆巴士就不会因为我们下车而耽搁时间，它会在大石坠落之前驶过出事地点。"

对于同一事件，那对恋人推出了与众不同的结论，就是因为他们有一个与众不同的角度，也就是有了与众不同的内隐前提。

再如：

一大早，一位警察在哥本哈根街头巡逻，发现一辆自行车飞驰而来。他下意识地打开测速仪，一看被惊呆了："不对呀！这是汽车的速度。"骑车人超速，被拦了下来。警察说："你违规了，要罚款。"骑自行车的是个十五六岁的学生，他说出了自己的姓名、学校和住址，还有骑快的原因：怕迟到。警察笑着说："你先上学去。"

不久，这个学生所在的学校收到一封信，信是哥本哈根最著名的自行车俱乐部写来的。信上说，欢迎贵校斯卡斯代尔参加本俱乐部，他们将提供一切训练条件。信中还夹了警察测定的时速。4 年以后，斯卡斯代尔成为丹麦自行车赛冠军，并在奥运会上拿到了自行车运动项目的金牌。

这位警察以斯卡斯代尔骑自行车超速为前提，推出了两个结论：一是斯卡斯代尔违规，要罚款；二是把他推荐给哥本哈根最著名的自行车俱乐部。这位警察之所以能够推出第二个结论，缘于他是一个自行车运动的爱好者。正是这个内隐前提，成就了一位丹麦的世界冠军。

推理的多结论，给我们一个重要启示：在推理过程中不妨换换角度，推推新的结论。这样可以开阔我们的视野，或许会有重大发现，甚至改写自己或别人的人生历史。

第三节　内 隐 结 论

一、省略

在推理过程中，不仅前提可以省略，结论也可以省略。同省略前提一样，省略结论也是在"你知我知"的情境中，为了避免啰唆重复，提高表达效率。此外，有时候省略结论还能够发人深思，增强表达效果。

例如：

东汉孔融 10 岁时，随父亲到了都城洛阳。有一天去拜访大名人李鹰,说他先人孔子曾经问礼于李老君,因此他们有通家之好。李家的宾客无不夸说孔融聪明。太中大夫陈韪后至,客人们把刚才的谈话告诉陈韪,陈韪说:"小时了了,大未必佳。"孔融说:"想君小时必当了了。"使得陈韪非常尴尬。

陈韪的意思是说,小时候很聪明的人,长大了未必成材。孔融接着说,看来你小时候很聪明。孔融的推理是:

如果小时候很聪明,那么长大了未必成材。

你小时候很聪明,

所以,你未必成材。

这个推理的大前提来自陈韪的话,孔融说的是小前提,结论省略。省略的结论是:"你未必成材。"或者干脆说:"你不成材。"由于这个结论人人心里明白,所以陈韪非常尴尬。

从这个推理看,孔融没有说出结论,比他直接说出来更好。因为不说出来,可以留给人们更多的思考,意味无穷。

又如:

女大学生小黄买了一盒牙签,吃完饭习惯地剔剔牙。不久,同宿舍的几个女生似乎被传染了,时不时地拿根牙签玩玩。很快,小黄的牙签就用完了。小黄又买来一盒,大家还是照拿照用,没有注意到她的不满。

这天中午吃完饭,一向不爱说话的小黄,一边剔牙一边说:"同志

123

们,我给大家讲个故事!"嘿,真新鲜,小黄还会讲故事! 大家齐刷刷地盯着她,看她能讲出什么故事来。

小黄咳嗽一声,夸张地把嘴里转了一圈的牙签扔进牙签盒,然后拿着牙签盒晃了晃,说:"我的故事讲完了。"

自那之后,再也没有人从她那里拿牙签了。

小黄什么也没有说,但又确实讲了一个故事。她所讲的故事是个一连串动作的推理,推理前提为外显的指事前提,结论省略。由于小黄省略了的结论"你知我知",所以再也没有人拿她的牙签了。

小黄的无言推理很精彩,她那省略了的结论远比说出来更好。

二、话中话

人们常说"话中有话,言外有意",这"话中话"和"言外意"都是内隐结论的推理。

"话中话"推理,其内隐结论是话语的一些恰当性条件。也就是说,如果存在这些条件,这句话就是恰当的,否则便是不恰当的。

例如有这样一段相声:

甲:你打过群架吗?

乙:没有。

甲:你侮辱过妇女吗?

乙:没有。

甲:你掏人家钱包给逮住过吗?

乙：没有——不对，我什么时候掏过人家钱包啦？

乙在回答甲的第三个问题时，先说"没有"，但是很快就发现自己上当了。如果说没有被逮住过，那还不是承认了自己掏过人家钱包吗？

这个推理是：

你掏人家钱包给逮住过。

所以，你掏过人家钱包。

你掏人家钱包没有给逮住过。

所以，你掏过人家钱包。

从这两个前提都可以推出结论："你掏过人家钱包。"也就是说，当有人问："你掏人家钱包给逮住过吗？"无论你回答"是"或"不是"，你都承认了自己掏过人家钱包。所以，"你掏过人家钱包"是这正反两句话的恰当性条件。"你掏过人家钱包"就是"话中话"，也就是这正反两句话的内隐结论。

面对这样两难的问题，你必须否定它的话中话，才能从"是"与"不是"中解脱出来。在这个例子中，乙是很聪明的，当他发现自己上当受骗时，坚决反对甲的提问方法，反问说："我什么时候掏过人家钱包啦？"这样就否定了甲的话中话，亦即否定了甲的内隐结论。

在日常交往中，我们每说一句话，都含有"话中话"这样的内隐结论。

例如下面的一些话语：

① 那个黄头发的姑娘是导游。

② 老王又喝醉了。

③ 小王后悔交了这个朋友。

④ 老王来了。

例①的内隐结论是"那个姑娘黄头发"；例②的内隐结论是"老王曾经喝醉过"；例③的内隐结论是"小王交了这个朋友"。例④的内隐结论是"有老王这个人"。它们都是"话中话"，都是话语的恰当性条件。

"话中话"的特征，就是从话语的否定中也能推出同一结论。比如从"那个黄头发的姑娘不是导游"，也能推出"那个姑娘黄头发"；从"老王不是又喝醉了"，也能推出"老王曾经喝醉过"；从"小王不后悔交了这个朋友"也能推出"小王交了这个朋友"；从"老王没有来"，也能推出"有老王这个人"。否则，这些话语就不具有恰当性。

人们说话，"话中话"往往不只一句，而是若干句。这也就是说，"话中话"的推理通常是多结论的。

例如：

"老张的儿子不再逃学了。"

从这句话可以推出：

1. 有老张这个人。

2. 老张有儿子。

3. 老张的儿子是学生。

4. 老张的儿子逃过学。

它们都是从"老张的儿子不再逃学了"这句话推出来的内隐结论。它们也都是这句话的恰当性的条件,否则这句话不恰当。

"老张的儿子不再逃学了"是一个否定句,如果换成肯定句,即"老张的儿子还在逃学",同样能够推出以上这些结论。

又如:

"把窗子打开!"

这是一个祈使句,从这句话也可以推出:

1. 房间有窗子。

2. 窗子是关着的。

3. 窗子是可以打开的。

4. 至少有一个听话人。

5. 这个听话人有开窗的能力。

它们都是"把窗子打开"的内隐结论,也就是这句话的恰当性条件。如果以"别把窗子打开"这个否定句为前提,同样可以推出这些结论。

由此看来,人们每说一句话都得承诺另一些话语为真,否则这句话便不恰当,因为它们都是这句话的内隐结论。

例如:

在电影《芙蓉镇》的故事里,"造反派"给秦书田、胡玉音的家门贴上"两个狗男女,一对黑夫妻"的对联。秦书田却乐呵呵地对妻子说:"他们终于承认我们是夫妻了。"

在电影中,秦书田和胡玉音的结合是不被承认的。可是这副对联虽然是侮辱性的,却可以推出内隐结论:秦书田和胡玉音是夫妻。所以,秦书田在被侮辱中却"乐"了起来。

"话中话"的推理属于多值逻辑,它有三个值:真、假和无意义。

例如:

"我的手机丢了。"

这句话的真假值有以下三种情况:

1. 说话人有手机,并且手机丢了。

2. 说话人有手机,但是手机没有丢。

3. 说话人没有手机。

在第一种情况下,"我的手机丢了"这句话为真值;第二种情况为假值。这两种情况,虽然真假对立,但都含有话中话"说话人有手机",具有话语的恰当性条件。第三种情况为"无意义",即零值。由于它不含有话中话"说话人有手机",不具有话语恰当性的条件。也就是说,在第三种情况下,"我的手机丢了"这句话不恰当。

俗话说:"锣鼓听声,说话听音。""话中话"推理告诉我们:在交际过程中要听懂别人的"话中话",以便作出相应的反应。比如前述相声中的乙,他就及时识破了甲的"话中话"不怀好意,避免了上当受骗。

从另一个角度上说,说话人也可以利用"话中话"来传达某种思想感情,甚至办成大事。

例如：

某博物馆被盗，几件镇馆之宝不翼而飞。根据现场勘查，作案的盗贼不止一人。馆长在接受电视采访时，颤抖地说：“13 件全是精品，尤其那枚翠玉戒指，更是举世无双。”没多久案件告破，竟是因为馆长这句话的“话中话”。

原来这群盗贼在一场打斗中有人受伤，被警察捉住。据他供述说：“当时我和一个朋友进去，我们只偷了 12 幅画，哪有什么翠玉戒指？可是外面几个人看过电视后就是不信，非要我们把戒指交出来。后来，连我的朋友也认为是我独吞了。”这个盗贼大声地喊着：“我真的没有拿！你们要相信我！”

“我相信他。”馆长在接待记者时笑着说，“感谢上天，12 幅画完整无缺地回来了。至于翠玉戒指，唉！我们馆里几曾有过啊？”

原来盗贼们从馆长那句话推出了话中话“翠玉戒指也被盗了”，由此引起了盗贼们内讧。是盗贼们自己“破”了这个案件。

其实，馆长说“那枚翠玉戒指更是举世无双”，由于不存在翠玉戒指，只是一句无意义的话（零值）。但对于破案来说，这是一种利用“话中话”的策略，一种令人信服的智慧。

三、言外意

“言外有意”或“意在言外”，其中的“意”也是一种内隐结论，我们称之为“言外意”。

例如：

在公共汽车上，有个中年男子见身边坐着一位美丽的少妇，很想和她搭话。他见少妇穿着一双肉色丝袜，便说："对不起，请问您这双丝袜是从哪儿买的？我想给我太太也买一双。"少妇冷冷地看他一眼，说："我劝你最好别买，穿这种袜子，不三不四的男人都会找借口跟您太太搭腔的。"

我们能从少妇这句话推出什么样的结论呢？从字面上看，少妇一片好心，奉劝问话人别买这样的袜子。其实不是。从少妇的眼神可以看出，她很厌恶这样的男人。她的内隐结论是："你就是这样不三不四的人。"但这不是字面意义，而是言外之意。

所谓"言外意"，就是在字面信息不适量的情况下，根据推理情境，越过字面意义推导出来的内隐结论。所谓"信息不适量"，就是指信息过剩或者信息不足甚至信息为零。"言外意"推理不同于"话中话"，它是"意在言外"而不是"意在言中"。

在日常交际中，有时候对方故意提供不适量的信息——过剩或者不足或者为零，就是要听话人推出言外之意。因为在这种情况下，听话人难免心里暗暗地问道："你这话是什么意思？"于是自己去寻求答案。

例如：

甲：晚上我们打牌好吗？

乙：我女朋友来了。

乙的话答非所问，提供信息量不足。在这个特定的推理情境中，甲会自动地补充相关信息，推出言外之意："乙晚上不打牌了。"

甲的推理过程应该是：

打牌需用晚上的时间；

乙的女朋友来了，

晚上要陪女朋友；

今天晚上不能既打牌又陪女朋友；

所以，乙晚上不打牌了。

但这是在字面意义以外推出来的，所以是"言外意"推理，所推出的意思为内隐结论。

这种因为信息量不足而迫使听话人自己寻求"言外意"的推理，是当代人们常用的交际方式。一是因为情理上"你知我知"，可以省去许多啰唆。二是因为在很多情况下不说出来比说出来更好。比如前面说到的例子：少妇劝说那个男人别买肉色丝袜，少妇没有直接说出那个男人不三不四，但已经使得那人心知肚明，但又无可奈何，因为少妇只是好心奉劝而已。

下面再举几个例子，以便更好地理解"言外意"推理的一些特征：

例1：

甲：她老公是谁？

乙：她老公是个男的。

这是"零信息"的"言外意推理。"在这个谈话中，乙应当给出一个具体人的名字或者某些描述，但乙给予甲的却是"零信息"——没有任何新信息,或者说,只是一句废话。那么甲会怎样推理呢?甲心领神会:"原来你也不知道!"在这里,"乙不知道她老公是谁",就是乙这句话的"言外之意",亦即内隐结论。

例2:

甲:小王学习成绩很好吗?

乙:(小王的学习成绩)还好。

这是信息级差"很好—还好"的推理。由于乙没有明确地说小王学习成绩很好,所以乙给予甲的信息是不充分的,但是乙提供了"(小王的学习成绩)还好"的信息,使得甲可以根据信息级差推出"言外意"的内隐结论:小王的学习成绩不是"很好"。因为如果是"很好",乙就不会说"还好",乙说了"还好",那就意味着不是"很好"。

例3:

他走进一个房间。

这是个信息过剩的推理。"他"是走进自己的房间吗?好像不是。因为如果是自己的房间,只需要说成"他走进房间"就可以了,何必添加"一个"二字?这里提供的信息过剩,可以推出言外之意:这不是他自己的房间。

"言外意"推理也可能不止一个结论。这就是说,它同"话中话"一样,可以是多结论的。

例如:

李力是门大炮。

从这句话可以推出:

1. 李力大嗓门。

2. 李力说话直来直去。

3. 李力敢于向领导提意见。

4. 李力打排球的攻击力很强。

……

这个例子由于信息量不足，我们很难判定其中哪一个结论为真。当然，在实际的推理过程中，我们可以加进特定的情境前提，用试推法推出那个唯一成真的结论。

从这个例子不难看出，"言外意"的多结论有别于"话中话"的多结论。"言外意"的多结论是"或者"关系，几个选项只选其一；"话中话"的多结论是"并且"关系，它们都是话语恰当性的条件。

同"话中话"一样，"言外意"推理也是一种艺术的表达方式。它能够引起听话人的深入思考和丰富联想，有时候风趣幽默、意味无穷。

例如：

在一家商场里，一个小男孩要妈妈给他买价格昂贵的玩具，妈妈不许，小男孩闹着。他说："妈，你要是不给买，我就大声地喊你奶奶。"

我们可以由此推出结论："小男孩的妈妈最怕别人说她老。"

此外，从小男孩的这句话中，我们还知道了"怕人说老"是一些年轻妈妈们的心思，而且我们好像亲眼看到了小男孩的天真活泼、聪明淘气，禁不住莞尔而笑。"言外意"推理，往往"言有尽而意无穷"。

生活中的幽默是一种复杂的修辞现象，含蓄而富有情趣，可以传达一种"言外之意"，让听话人推出内隐结论。

例如下面这则幽默故事：

老婆：我嫁给魔鬼也比嫁给你强。

老公：这不可能，因为近亲不能通婚。

当你推出了老公的言外之意时，一定会开心地笑了。你推出了老公这句话的"言外意"吗？

老公"言外意"的内隐结论就是："你是魔鬼的近亲。"或者，"你跟魔鬼差不多"。

我们可以想象，当老婆推出了老公这句话的内隐结论之后，她会气成什么样子！

"幽默"不是某种特定的修辞格，而是修辞的一种效果。幽默的内隐结论存在于"意料之外，情理之中"。

关于修辞的"言外意"推理，下面继续讨论。

四、语义修辞

修辞的方式很多，有语音修辞，如摹声和谐音；有语形修辞，如对偶和排比；还有语义修辞，如比喻、夸张，等等。这些不同的修辞方式，目的都在于"传情达意"，提高表达的效果。

这里所说的"语义修辞"，是指一些应用意义转移的方式来传达"言外之意"的辞格，它们属于"言外意"推理的子类。这就是说，它们也是越过字面意义推导出来的内隐结论，但与前述"言外意"推理不同的是，它们更强调字面意义的转移。比如前面所说"我女朋友来了"这句话,它就是这句话本来意思。而转义辞格就不同了,比如"她是我的太阳",这"太阳"一词已经不是本来意义,其意义已经转移,比本义更多了一层曲折。所以,我们也把转义辞格的推理称之为"曲义"推理。

在汉语修辞中,转义的辞格很多,各有传达"言外意"的妙招。下面讨论几个最具有代表性的转义辞格。

（一）比喻

比喻是人们最常用的一种转义辞格,无论是明喻或者暗喻,总是利用两个事物之间的相似点来传达言外之意。就比喻辞格的推理而言,它所得出的结论就是内隐的"言外意"结论。

例如:

"她的面容依然毫无表情,在夕晖照耀下像一尊大理石雕像。"

"莫道桑榆晚,为霞尚满天。"

前例是个明喻,从大理石雕像与"她"此刻面容的相似性,我们可以推出这句话的言外之意:此刻的"她",端庄、秀美而冷峻。这也就是这个明喻的内隐结论。

后例是个暗喻,见刘禹锡《酬乐天咏老见示》一诗。"桑榆",太阳落下的地方,"桑榆晚"比喻人的老年。"霞"即晚霞。这两句诗的字面意义是:傍晚时分,霞光满天。但是从这首诗的意境来看,意思是说:人虽到了老年,仍可有所作为。由于字面上见不到这层意思,所以是言外之意,亦即推理的内隐结论。

作为推理基本模式之一的类比推理,就是利用两个事物的相似性进行推理的。因此,我们不妨把比喻的"言外意"推理看成类比推理的一种,称之为"比喻推理"。

（二）借代

人们在表达时,如果借助于密切相关的事物代替本体事物,用以传达言外之意。这样的修辞格就是"借代"。

例如:

"慨当以慷,忧思难忘。何以解忧,唯有杜康。"

"如今的一些官员,'不爱江山爱美人',拜倒在石榴裙下。"

前例为曹操《短歌行》的诗句。"杜康"本是人名,传说中第一个造酒的人。这里借"杜康"代"酒",以"何以解忧,唯有杜康"为前提,可以推出内隐结论,即言外之意"以酒浇愁"。

后例有两处借代:一处是"不爱江山爱美人",借"江山"代"国家",另一处是"拜倒在石榴裙下",借"石榴裙"代"女人"。它们都是以"借部分代整体"的方式来传达言外之意,即:一些国家工作人员忘记了为人民服务的宗旨,贪图享受,腐化堕落。这也就是这个例子的内隐结论。

（三）夸张

对事物作夸大的描述,也就是把小的说成大的,把大的说成小的,或者把大的说得更大,把小的说得更小,以此来传达言外之意。这样的修辞格即是"夸张"。

例如：

"凭他怎样，你老拔根寒毛比我们的腰还粗哩！"

这是在《红楼梦》第六回中刘姥姥对王熙凤说的一句话。这句话似乎不可思议：王熙凤的一根寒毛怎么会比刘姥姥的腰还粗呢？姑且不论王熙凤是个纤弱女子，刘姥姥是个粗壮的农妇。然而正是这种极端的不真实让我们推出了"言外意"的内隐结论：这里强调了社会上悬殊的贫富差别。由于夸大其词，给我们留下了深刻的印象。

（四）反语

反语辞格是用与本意相反的话语来表达本意，这"本意"就是话语的言外之意，亦即推理的内隐结论。

例如：

十娘放开两手，冷笑一声道："为郎君画此计者，此人乃大英雄也。"

京城名妓杜十娘与公子李甲结为夫妇，同去夫家。李甲乃官宦子弟，料其父不能接纳十娘，遂听盐商孙富的"谋划"，以一千金把十娘卖给孙富。十娘这句话就是得知这件事情时说的。十娘说孙富"乃大英雄也"，实是恨极悲极时的一句反话，"大英雄"的含义乃是"极端卑鄙无耻之徒"。因此，杜十娘这句话的内隐结论就是：孙富是个极端卑鄙无耻之徒。

（五）双关

双关辞格是指在特定的推理情境中，有意地使话语具有双重意义,言在此而意在彼。这个"彼"即言外之意。

例如:

李　　贤:因荷而得藕。

程敏政:有杏不须梅。

明代神童程敏政 14 岁时随父进京,宰相李贤把女儿许配给程敏政。为了考查未来女婿的真才实学,李贤就以桌子上的食品为题,出了一个上联。这个"毛脚女婿"果然不含糊,随即对出了下联。

那么,这副对联究竟是什么意思呢? 原来他们两人是在利用谐音双关进行对话。李贤问:"因何(荷)而得偶(藕)?"(你凭什么讨到我女儿做老婆?)程敏政回答说:"有幸(杏)不须媒(梅)。"(因为我很幸运,连媒人都不需要。)在这一问一答中,问得巧妙,回答准确,而且对仗工整,果然是一副双关妙联。对于这副双关联的解释,即是所推出的内隐结论。

从这一节的讨论中,我们不难看出,推理的内隐结论总能给人某些启示。无论是省略,或者"话中话""言外意",或者转义辞格,它们都能够引导人们深入思考,启发人们的聪明和智慧。因此,在特定的推理情境中,结论内隐往往比外显更好。

第五章 试 推 法

第一节 情 境 假 设

一、寻找关联

人们在认知的过程中,总是充满着"是什么""为什么""怎么办"之类的思考。由于认知的本性,人们总是想弄清"这是什么""那是什么";弄清了"是什么",又去追问"为什么";在弄清了"为什么"之后,还会提出"怎么办"等问题。就这样没完没了,于是引出了许许多多的"因为"和"所以"。推理就是寻找这些"因为"与"所以"之间的关联。

美国著名指挥家沃尔特·达姆罗施才华横溢,二十几岁就当上乐队指挥,为人却谦和、沉稳,毫无傲气,这不免让人们感到惊讶,不禁要问一个"为什么"。这个谜底是沃尔特自己揭开的。

沃尔特解释说,刚当上指挥时他也曾经有些忘乎所以,认为没有人取代得了。有一次,他把指挥棒忘在家里,准备派人去取。秘书建议他向乐队其他人借一根,他心想:"除了我,谁还会带指挥棒!"但他还是问了一句,话音未落,三根指挥棒递到了面前。这下子让他猛然清醒过来:原来自己并非取代不了的人物,很多人都在暗暗努力,时刻准备取代自己。他说:"以后每当飘飘然的时候,就会看到三根指挥棒在眼前晃动。"

沃尔特说,他起先也有些忘乎所以,后来因为一件事情改变了自己。这件事就是:乐队中至少有三个人也带了指挥棒,让他颇为吃惊。推理是:

> 如果只有我带指挥棒,那么不会有别人带指挥棒。
>
> 有别人带指挥棒,
>
> 所以,并非只有我带指挥棒。

这是个"是什么"的问题,即除"我"以外还有别人带了指挥棒。那么为什么别人带指挥棒会使沃尔特如此吃惊,以致"猛然清醒"呢?这是"为什么"的问题,答案为下面的推理:

> 如果我是取代不了的,那么别人不会带指挥棒。
>
> 有人带指挥棒,
>
> 所以,并非我是取代不了的。

这一推理极为重要,正是这一推理使他"猛然清醒"。然而这个推理并不严密。人们不禁要问：别人带指挥棒就是要取代你吗？也就是说，这里似乎还缺少点什么。因此，应当还存在下面的推理：

> 如果有人带指挥棒，就是准备随时取代我。
>
> 有人带指挥棒，
>
> 所以，有人准备随时取代我。

实际上，三根指挥棒分别来自大提琴手、首席小提琴手和钢琴手。他们都有条件取代"我"来指挥乐队。

剩下就是"怎么办"的问题。沃尔特的推理是：

> 如果想做一个取代不了的乐队指挥，就不能忘乎所以。
>
> 我想做一个取代不了的乐队指挥，
>
> 所以，我不能忘乎所以。

沃尔特在自我认知的过程中，从实际情境出发，应用了一系列的"如果"推理，正确地找到了三根指挥棒与自己事业之间的关联，警醒了自己。

或许读者会问，三根指挥棒的推理真有这么复杂吗？我们认为，就沃尔特的实际认知过程来说，还应该远远不止这些。在沃尔特的认知过程中，一定还有一些隐于内而没有显于外的推理，我们无法给予更多的说明。

沃尔特使用的方法叫作"情境假设",即在推理情境中寻找关联,建立一系列的蕴涵("如果,那么")关系,从而理清自己的思路。这些思考,虽然有可能思如泉涌,推理者很快地推出所需要的结论,但未必总是顺顺当当,难免有时候循环往复,费尽周折,然后才豁然开朗。

所以,情境假设只是一些根据情境"寻找关联"的尝试性推理方法,我们不妨称之为"试推法"。试推法是日常推理的基本方法。

推理就是寻找关联,寻找"因为"与"所以"之间的蕴涵关系,亦即"如果,那么"。日常推理的过程就是寻找关联的过程,也就是"试推"的过程。如果试推不成功,就要继续寻找,直到找出"因为""所以"之间的关联。

例如:

甲:你去过敦煌吗?

乙:我还没有去过大西北哩!

从字面上看,乙的回答与甲的问题之间没有蕴涵关系,也就是"答非所问",前提和结论之间没有关联。可是在甲看来,乙并不是没回答自己的问题,只是提供的信息不够充分,需要补充内隐前提。

推理者终于找到了这样的内隐前提,它就是"敦煌在大西北",并且由此推出:如果去过敦煌,他一定去过大西北。反过来说:如果没有去过大西北的人,一定没有去过敦煌。把内隐前提外显化之后,这个推理的过程应当是:

敦煌在大西北。

> 如果去过敦煌,一定去过大西北。
>
> 如果没有去过大西北,一定没有去过敦煌。
>
> 乙没有去过大西北,
>
> 所以,乙没有去过敦煌。

这是一个"言外意"的推理,给出了第一句就可以推出第二句,从第二句可以推出第三句,第四句是乙提供的已知前提。根据以上前提,可以必然地推出乙的言外之意:乙没有去过敦煌。

但是,要完成这一推理,推理者必须具有相应的背景知识:知道敦煌在大西北。否则找不到关联,从前提推不出结论。也就是说,从事日常推理,除懂得必要的推理理论以外,还必须拥有一些百科知识,以便利用这些知识积累去寻找"因为"和"所以"之间的关联。

有一本外国人写的语言学书,提供了这样一个例子:

A:你的儿子真的喜欢安尼特。

B:他小时候喜欢玩蜗牛。

这两句话相关联吗? 如果 A 坚持认为是相关联的,那么他就会千方百计地找出这种关联。如果推理者真的一无所知,他甚至可以编造内隐前提。比如说,B 的话意味着他儿子情趣怪异,从而推出言外之意:一个情趣正常的人不会喜欢安尼特,或者说,只有情趣怪异的人才会喜欢安尼特。这样,就建立起两句话的关联来。

当然,这个结论未必为真。如果推理者也认为结论有些牵强附会,亦即结论的真实度不高,那么他会继续试推,提出新的假设,寻找新的关联,直到自己满意为止。

二、情境推理

自古道:"兵来将挡,水来土掩。"这个隐喻的意思是说,根据具体情境决定对策。试推法是一种情境推理,即在特定的情境中寻找前提与结论之间的蕴涵关系,寻找解决问题的方法。

《三国演义》"诸葛亮安居平五路"一节,用以说明"兵来将挡"的情境推理,是比较简单而又很有说服力的。这里不妨作些介绍和分析:

蜀汉建兴元年(公元 223 年)秋八月,后主刘禅听到边报说:"魏调五路大兵,来取西川。第一路,曹真为大都督,起兵十万,取阳平关;第二路,乃反将孟达,起上庸兵十万,犯汉中;第三路,乃东吴孙权,起精兵十万,取峡口入川;第四路,乃蛮王孟获,起蛮兵十万,犯益州四郡;第五路,乃番王轲比能,起羌兵十万,犯西平关。此五路军马,甚是厉害,已先报丞相,丞相不知为何,数日不出视事。"后主大惊,几次派人去请丞相,诸葛亮都推病不出。

最后,后主亲至相府,见诸葛亮在小池边观鱼。诸葛亮奏说:"五路兵至,臣安得不知?臣非观鱼,有所思也。"于是诸葛亮说出了退兵之策:

"老臣先知西番国王轲比能,引兵犯西平关。臣料马超积祖西川人氏,素得羌人之心,羌人以超为神威天将军。臣已先遣一人,星夜

144

驰檄,令马超紧守西平关,伏四路奇兵,每日交换,以兵拒之。此一路不必忧矣。又南蛮孟获,兵犯四郡,臣亦飞檄遣魏延领一军左出右入,右出左入,为疑兵之计。蛮兵唯凭勇力,其心多疑,若见疑兵,必不敢进。此一路又不必忧矣。又知孟达引兵出汉中,达与李严曾结生死之交,臣回成都时,留李严守永安宫,臣已作一书,只做李严亲笔,令人送与孟达,达必然推病不出,以慢军心。此一路又不足忧矣。又知曹真引兵犯阳平关。此地险峻,可以保守,臣已调赵云引一军守把关隘,并不出战。曹真若见我军不出,不久自退矣。此四路兵俱不足忧。臣尚恐不能全保,又密调关兴、张苞二将,各引兵三万,屯于紧要之处,为各路救应。此数处调遣之事,皆不曾经由成都,故无人知觉。只有东吴这一路兵,未必便动:如见四路兵胜,川中危急,必来相攻;若四路不济,安肯动乎?臣料孙权想曹丕三路侵吴之怨,必不肯从其言。虽然如此,须用一舌辩之士,径往东吴,以利害说之,则先退东吴,其四路之兵何足忧乎?但未得说吴之人,臣故踌躇。何劳陛下圣驾来临?"

听罢诸葛亮一番话,后主大喜,说:"今朕闻相父之言,如梦初觉,复何忧哉!"

诸葛亮的五路退兵之策都是在特定的情境中谋划的,而且每一项决策都是推理,随处暗含着"因为"和"所以"。以第一项决策为例,这个推理是:因为马超积祖西川人氏,素得羌人之心,羌人以超为神威天将军,所以令马超紧守西平关,以兵拒之。其他各项决策大体与此相类似。也就是说,这些都是情境推理。

　　情境推理依据于推理情境,推理情境包括主体情境和客观情境两个方面。主体情境包括推理者的身份、智力、经验、素养,乃至心理状态等;客观情境包括相关的人和事、时空条件、时代背景等。就主体情境而言,诸葛亮身为蜀国丞相,具有绝顶的聪明才智,卓越的政治、军事素养和丰富的作战经验,确实能够运筹帷幄之中、决胜于千里之外。他能够"安居平五路",这是不难理解的。就客观情境而言,不久前刘备进攻东吴失败,病死于白帝城,临终前托孤于诸葛亮。魏主曹丕意欲趁火打劫,于是调动五路大军来取西川。在这危急关头,诸葛亮充分考虑到敌我双方的兵力、人事乃至山川地形等,把它们作为内隐前提进行情境推理,形成了五路退兵之策。

　　然而,诸葛亮五路退兵的决策,绝不是一次推理所能完成的,更不是像诸葛亮奏说时那般轻松。当后主驾临相府时,诸葛亮还说:"先帝以陛下付托予臣,臣安敢旦夕怠慢。"在得知五路大军来取西川的信息后的这些天里,诸葛亮主要是在思考和推理,甚至直到后主见他观鱼时,他还说:"臣非观鱼,有所思也。"这就是说,诸葛亮的五路退兵之策,是他经过许多次试推的结果。

　　试推法就是情境推理,即在特定的主客观情境中,推理者"尝试"地进行推理,甚至一次次试推,直到获得满意或比较满意的结论为止。

　　在情境推理的过程中,无数个情境因素都有可能成为推理的外显前提或内隐前提,然而能够发挥作用的往往只是那些被激活了的情境因素。这就是说,绝大多数的情境因素在推理者的推理中被弃置不用,或者说,派不上用场。

那么在什么情况下某个情境因素会被激活呢? 这与情境因素的动态性以及推理者的主体经验有关。诸葛亮对后主说:"臣非观鱼,有所思也。"直到这个时候,诸葛亮还在思考什么呢? 他在寻找一个人,一位舌辩之士,派他去说服东吴,让东吴与西蜀结盟,从而彻底粉碎魏国攻蜀的谋划。那么诸葛亮要找的人究竟是谁呢?"踏破铁鞋无觅处,得来全不费工夫。"就在诸葛亮把后主送出相府的时候,他看到候在门外的众多官员中有一人仰天大笑,面有喜色,于是把这个人留了下来,委以重任。这个人就是邓芝。不久,邓芝出使东吴,出色地完成了这项艰巨的外交使命。"邓芝"这个情境因素,就是在偶然间被激活的。

还有值得注意的细节是,当时诸葛亮留下邓芝,曾问计于邓芝,邓芝说:"当与东吴连合,结为唇齿","此乃长久之计也"。于是诸葛亮说:"公既能明此意,必能不辱君命。使吴之任,非公不可。"这就是说,诸葛亮"寻找"到邓芝,仍然是应用试推法的结果,偶然性中具有必然性。

情境推理因为情境的复杂性,通常是或然而非必然的。诸葛亮的退兵之策虽然推理严密,但仍然不敢说就是万全之策。所以诸葛亮说:"此四路兵俱不足忧。臣尚恐不能全保,又密调关兴、张苞二将,各引兵三万,屯于紧要之处,为各路救应。"这就是考虑到推理情境的复杂性问题,以防"一着不慎,满盘皆输"。

人们说:"诸葛一生唯谨慎。"果其然也。

三、"如果"和"或者"

"如果"是情境假设的典型形式。如果"如果,那么"成立,那么就可以顺利地从前件推出后件,或者从后件推出前件。在日常推理中,人们用得最多的应该就是"如果"的推理。

例如:

在一列急驶的火车上,一位老人不小心把刚买来的一双新鞋从窗口弄掉了一只,周围的人不免为他惋惜。不料老人却把另一只鞋扔出了窗外,让人们深为不解。老人解释说:"这一只鞋无论多么昂贵,但对我来说都没有用了。如果有人捡到一双鞋,说不定他还能穿哩!"

老人说"如果有人捡到一双鞋,说不定他还能穿哩!"这就是情境假设。如果前件成为现实,那么后件也就遂了老人的心愿。老人丢失一只新鞋,本来令人惋惜,但老人的情境假设,却又令人感动。

有人为此事写了一篇文章,推出了许多内隐结论。作者说:"显然,老人的行为已经有了价值判断:与其抱残守缺,不如果断放弃。"作者进而认为,有人丢失了心爱的东西,总是沉浸在无限懊恼之中。其实,与其为失去而烦恼,不如考虑如何重新获取。应当看到,失去不一定就是损失,也可能是奉献哩!

又如:

某人被控犯有杀人罪,证据充分,只是没有找到死者的尸体。被告的律师深知胜诉无望,于是把最后的希望寄托在一个小小的花招上。他说:"陪审团的女士们、先生们,我会让你们都感到吃惊。"他看了一下手表:"一分钟内,那个被认为已经被杀死的受害人将走进法庭。"这句话果然让人们大吃一惊,大家急切地看着门口。一分钟过去了,什么也没有发生。律师说道:"我虚构了上边这一陈述的内容,但是所有的陪审员都怀着预期的心态看着法庭的大门。这说明,你们对于本案中是否有人被杀,持怀疑态度。因此,我坚持提出对被告做无罪判决。"可是陪审团经过讨论,仍然判决被告有罪。这位被告的律师质问道:"怎么能这样呢? 我看见所有的陪审员都盯着门口,你们都有怀疑。"陪审团主席说:"是的,我们都看着门口,但是你的委托人没有看门口。"

被告的律师玩这个小花招的时候,他有一个情境假设:如果陪审员都看着法庭门口,他就可以提出:陪审员们对于本案中是否有人被杀持怀疑态度,那就应当判被告无罪。可是陪审团也有自己的情境假设:如果被告自己不看法庭门口,那就说明被告心里明白:不可能有受害人走进法庭的事情发生。由于情境因素的复杂性,律师和陪审团各有自己的情境推理,但是由于陪审团的推理更具有说服力,所以律师的小花招失灵了。

如果说"如果"是情境假设,那么"或者"也是一种情境假设——"可能性"假设。"或者"推理的前提和结论之间也具有蕴涵关系:如果 A 或 B,并且非 A,所以 B。"或者"推理实际上就是"排除法":首先假设若干种可能性,然后一一排除,最终未被排除的那个"或者"就是结论。

例如：

一个爸爸和 10 岁儿子在做智力游戏，他们有下面一段对话：

爸爸：一个女孩从海边的沙滩走过，她的身后为什么没有留下脚印？

儿子：当时天黑了吗？

爸爸：这跟天黑有什么关系？

儿子：如果天黑了，连人都看不见，自然就看不到沙滩上的脚印了。

爸爸（觉得有道理）：天没有黑。

儿子：是黄昏的时候吧？ 如果是黄昏，开始涨潮，潮水就把脚印冲刷掉了。

爸爸（耐着性子）：是中午。

儿子：这个女孩是杂技演员吗？

爸爸（有点恼火）：也有关系吗？

儿子（不紧不慢地）：当然。如果是杂技演员，那么她可能是用手在沙滩上行走，沙滩上只有手印，没有脚印。

爸爸（克制自己）：她不是杂技演员。

儿子：那么就只有两种可能了。一是在水中走……

爸爸（忍无可忍地喊着）：她没有在水中走！

儿子：那么只剩下一种可能。她是倒退着走，脚印在她的前面，而身后没有脚印。

儿子在排除了一系列的可能性之后，终于推出了结论。这种"可

能性"假设的推理,我们称之为"情境选择"。其推理模式可以记为:

$$A_1 或 A_2 或 \cdots 或 A_n 或 A_{n+1}$$

$$并非(A_1 或 A_2 或 \cdots 或 A_n)$$

$$所以,A_{n+1}$$

人们的日常推理,一般都是在情境中假设,在情境中选择。也就是说,日常推理主要就是情境假设和情境选择。作为排除法的"或者"推理,是日常推理中最常用的试推方法之一。排除法除了"如果 A 或 B"的情境假设以外,还多了一层"非 A,所以 B"的情境选择。

在日常推理中,情境假设和情境选择经常是混合使用的,也就是说,它们是一种假言和选言的混合推理。比如刚才"儿子"的推理,就是在情境中假设了若干种可能性("或者"),然后运用"如果"假设,一一予以排除,最后在情境中作出选择。它的实际推理模式是:

$$A_1 或 A_2 或 \cdots 或 A_n 或 A_{n+1}$$

$$如果 A_1 则 B_1,非 B_1,所以非 A_1;$$

$$如果 A_2 则 B_2,非 B_2,所以非 A_2;$$

$$\vdots$$

$$如果 A_n 则 B_n,非 B_n,所以非 A_n;$$

$$所以,(可能)A_{n+1}$$

刑事侦查是一项推理性极强的工作,大侦探们无一不是推理高手。刑侦推理所应用的模式大体就是上面的模式。当案件发生后,首先是勘查现场,列出若干嫌疑犯,然后逐一排除,最终确定其中一个,经查证属实,起诉判刑。刑侦推理就是这样一步一步地试推成功的。

以上推理模式的结论 A_{n+1} 是不是必然为真,这要看"或者"前提是不是穷尽了可能性,即若干"或者"中必有一真。如果"或者"前提穷尽了可能,则结论必然为真。比如刑事侦查中的嫌疑犯排名,如果真凶没有漏掉,而且排除有效,则结论一定是真的。如果没有穷尽可能,则结论只能是"可能为真"。事实上,刑事侦查最先排列出的嫌疑犯全部被否定的事情是常有的,在这种情况下只好一切从头开始。

以情境推理为特征的试推法,是人生推理的基本方法。在人生的旅途中,人们总是不断地在情境中推理,不断地认知,不断地决策。天文学家哥白尼曾经说过:"人的天职在于勇于探索真理。"所谓"探索"即是试推,亦即不断地进行情境假设和情境选择,在无数的情境推理中寻求真理,探索着属于人类也属于自己的未来。

第二节 假 设 的 求 证

一、求证与论证

情境假设毕竟只是假设,可能为真,也可能为假。因此,人们在提出假设之后,如果遇到争议或者自己也没有把握,一般都会求证假设的真实性或真实性的程度。求证假设为真的逻辑方法即是论证。

例如：

2002 年,浙江省举办第二届中学生电视辩论赛,其中一个辩题是：性格能否决定命运？正方的"一辩"是这样开始陈词的："性格和命运的关系,曾经困扰着每一个渴望向上的人。今天,我们以中学生所特有的敏感来关注这个命题。我们坚信：性格决定命运。"

为什么"性格决定命运"？这位"一辩"紧接着指出："'性格'是指人们在一定遗传基础上形成的独特的人生态度,在习惯化的行为方式中所表现出来的个性心理特征。它体现了我们的人生态度、理想和信念。从根本上形成了我们的实践能力和认识水平,决定着我们的前途和未来。在人生价值的实现中,性格起着决定的作用。"

辩论者首先根据特定的情境——中学生以特有的敏感关注性格和命运问题,提出了他们的正方观点：性格决定命运。由于这只是一个情境假设,辩论者在界定了什么是"性格"之后,紧接着就对自己的观点进行论证,陈述了性格决定命运的理由。这个过程就是论证的过程。

一个论证,总是由论题、论据和论证方式组成的。论题也就是观点,在辩论中叫作"辩题",指的是"论证什么"；论据是说"用什么论证",即证明论题为真的那些理由；论证方式是说"怎样论证",也就是以什么方式通过论据来证明论题的真实性。就这位一辩的论证来说,"性格决定命运"是论题,他所陈述的那些理由是论据。至于论证方式,这是一个"如果"推理,如果这些理由是真实的,那么"性格决定命运"这个观点为真。

论证是推理的应用：论证的论据相应于推理的前提；论题相应于推理的结论；论证方式相应于推理形式。一般说来，推理的前提在前，结论在后，而论证的论题（结论）在前，论据（前提）在后。但是这一点并不重要，因为推理或论证的表达都是十分灵活的，只要意思明白，怎样的说法都行。

论证与推理最重要的区别在于：一个论证可以是一个推理，但往往不止一个推理。有时候，一个论证是由许许多多推理构成的，甚至一篇议论文、一本理论著作都可以看成是一个大论证。

"性格决定命运"是古希腊哲学家赫拉克利特的名言。由于这是个评价语句，一向多有异议。前述这位"一辩"对于"性格决定命运"的论证，如果只限于我们引述的这些话，那是难以令对方信服的。所以，他又提出了三点理由，对于"性格决定命运"的论题作了进一步的论证。

第一，性格作为个性心理的核心，是人生发展的最大内因。社会关系、环境等因素，相对来说，都是外因。社会关系、环境不能直接决定一个人的命运，命运只能通过人的自身来决定。心理学证明，一个人的性格，在很大程度上对其事业、家庭、人际关系等起决定性的作用。如果命运是湍急河流上的一叶扁舟，性格则是唯一的舵手，它既可使你抵达光辉的彼岸，也可以使你随波逐流。从马克思到邓小平，从霍金到海伦·凯勒，无不说明卓越的性格成就了伟大的思想和美好的心灵。

第二,人作为能动的主体,总是以个性特征选择人生。性格的不同,导致人们对社会关系的认识和把握不同,从而决定了人的不同命运。性格能充分调动出心灵的巨大能量,使你的事业、身体达到可能的完美境地,但也可能会让你走向失败,使人生变得黯然无光。机遇只垂青有准备的人,只有以坚毅的性格应对一切艰难险阻,承受一切成败得失,才能收获人生的幸福。

第三,性格的可塑性和多重性,决定了人对自身命运的把握能力。一个人的性格由多种性格因素组成。性格决定命运,正是强调在交织着积极、消极等多种性格因素的冲突中,加强自我修养,更多地展现性格的优点,以塑造成功的人生。"天行健,君子当自强不息。"

这三点理由可以看成一个较大的论证:三点理由都是论据,用以论证论题"性格决定命运"为真。也可以把它们分别看成三个次一级的论证,它们各有自己的论题和论据。在它们的论据中还有许多推理,各有自己的"因为"和"所以",构成更低层次的论证。

以其第一点为例,"性格作为个性心理的核心,是人生发展的最大内因"是次一级的论题,下面的话为论据。在论据中又有三个推理。第一个为"或者"推理:或者作为内因的性格决定命运,或者社会关系等外因决定命运。并非外因决定命运,所以性格决定命运。第二个为"如果"推理:如果命运是一叶扁舟,那么性格是唯一的舵手,所以性格决定命运。第三个是归纳推理,从马克思、邓小平、霍金和海伦·凯勒等个别事例推出"性格决定命运"的一般原理。这三个推理分别论证了"性格决定命运"的论题,又共同论证了"性格是人生发展的最大内因"这一论题。

从以上的讨论中不难看出,求证一个情境假设的真实性并不是一件容易的事情,但我们必须进行这样的求证。在我们看来,在人生的旅途中,情境假设固然重要,而对假设的求证更为重要。因为情境假设的推理可能为真,也可能为假,只有经过求证,亦即论证,才能确定哪个为真,哪个为假,最后作出我们的人生选择。

当然,我们不必去求证生活中的每一个假设,但是当我们面对那些重要的情境假设,特别是人生的重大决策,比如择校、读博、择偶、求职等,这样的求证是绝对不可少的。

二、求证模式

论证有广义论证和狭义论证的区别。广义的论证包括"立论"和"驳论"两种:立论是用已知为真的论据来证明论题的真实性,即前面所说到的"论证",不妨看作狭义的论证;驳论是用已知为真的论据来证明某个观点的虚假性,称为反驳。此外,还有一种针对反驳的论证,称为辩护,也属于广义的论证。所以,求证的模式包括论证(狭义)模式、反驳模式和辩护模式。下面分别作些讨论。

(一) 论证模式

所谓"论证"(狭义),就是用已知为真的论据来证明论题为真。

论证是推理的应用,一般为推理的倒置,即先提出论题,然后陈述理由,也就是提出论据。论证的模式为:

A 真,因为 B 真

A 为论题,B 是论据,"因为"体现论题和论据之间的逻辑关系。

例如:

在某次列车上,有甲、乙、丙、丁四位乘客相对相邻而坐。火车行驶到一个车站停下,甲到站台上买食品,当他回到座位时发现提包不见了。乘警依次询问乙、丙、丁三人。乙说,停车时,他去了另一节车厢看望朋友。丙说,他肚子不舒服,上厕所了。丁说,他也去了站台。

显然,他们三个人都在证明自己不在现场。聪明的读者,请你说说看,他们中谁是疑犯?

乘警当即指出:丙是疑犯。丙不服,要乘警说出证据。乘警说,火车进站时厕所关闭,你上什么厕所? 丙顿时蔫了。

乘警说"丙是疑犯",这只是情境假设。作为假设,乘警必须说出根据,也就是进行论证,否则难免主观臆断,冤枉好人。在乘警的论证中,"丙是疑犯"为论题 A;"火车进站时厕所关闭"为论据 B。其论证方式,亦即推理形式是这样的:

如果火车进站,那么厕所关闭;

如果厕所关闭,那么丙上不了厕所。

　　　　　所以，丙没有上厕所。

　　　　　如果丙没有上厕所而说上厕所，那是说谎；
　　　　　如果丙说谎，那么丙有偷包的嫌疑。
　　　　　所以，丙是疑犯。

　　这是一个推理结构比较简单的论证：论题 A 简单明确；论据 B 也只有简简单单的一句话；论证方式是两个相关联的"如果"连续推理。

　　然而，假设的论证并非总是这么简单。比如前面说到的"性格决定命运"的论证，论证者竟用了 800 多字的篇幅，大论证中有分论证，分论证中有小论证，叠床架屋，结构非常复杂。也就是说，这一论证的论据 B 是个集合，而且集合中还有子集，甚至还有子集的子集。但是，归根结底，作为论证模式就是那么简单：A 真，因为 B 真，即用已知为真的论据来证明论题为真。

（二）反驳模式

　　人们常说："真理越辩越明。"经过争论或辩论的假设，它们的真实程度通常都会有很大的提高。所以在求证的过程中，论证固然必不可少，而反驳也有它独特的作用。

　　反驳是用已知为真的论据来证明某个论题的虚假性。从广义上说，反驳是一种特殊的论证，即以自己的论证来推翻别人论证的论证。其模式为：

甲：A 真，因为 B

乙：A 假，因为 C

甲是狭义上的论证，乙为反驳，即推翻甲的论证的论证。

例如：

《列子》一书中的寓言故事"愚公移山"，经毛泽东在《愚公移山》一文中引用，差不多家喻户晓。故事说，北山愚公率领家人要挖平挡在家门口的太行、王屋二山，河曲智叟嘲笑愚公愚蠢，愚公予以反驳。两人的对话是：

智叟：你们要挖掉这两座大山是不可能的。以你残年余力，毁不掉山的一根毫毛，何况还要处理土石。

愚公：我死了以后有我的儿子，儿子死了，还有孙子，子子孙孙是没有穷尽的。这两座山虽然很高，却是不会再增高了，挖一点就会少一点，为什么挖不平呢？

在这场辩论中，智叟提出的论题 A 是：你们要挖掉这两座大山是不可能的；论据 B 为：以你残年余力，毁不掉山的一根毫毛，何况还要处理土石。智叟就是用论据 B 来论证论题 A 的真实性的。而愚公则以"子子孙孙是没有穷尽的，而山是不会再增高了"为论据 C，论证了对方论题 A 的虚假性，同时也就论证了相反论题的真实性，即："我们能够挖掉这两座大山。"这样，愚公就用自己的论证推翻了智叟的论证，实现了成功的反驳。

这种针对对方论题的反驳,叫作反驳论题。然而,论证有论题、论据和论证方式三个要素,所以除了反驳论题以外,还可以反驳论据和论证方式。反驳论据和反驳论证方式的模式分别是:

> 甲:A 真,因为 B
>
> 乙:B 假,因为 C
>
> 甲:A 真,因为从 B 推出 A
>
> 乙:并非从 B 推出 A。

在前一个模式中,乙论证了论据 B 为假,为反驳论据;第二个模式,乙论证了从论据 B 不能推出论题 A,反驳的是论证方式。

例如:

有朝山进香的老太婆说,如今生活好了,都是菩萨保佑的。儿孙们则说,什么菩萨保佑? 那是改革开放的政策好!

儿孙们所反驳的不是老太婆的论题"如今生活好了",而是论据"都是菩萨保佑的",所以是反驳论据。

又如:

甲:小王是电工,因为他会修电灯。

乙:会修电灯,就是电工吗?

甲的推理是:所有电工都会修电灯,小王会修电灯,所以小王是电工。这是三段论第二格,违反了"前提中有一个否定判断,并且结论是否定判断"的规则,所以乙所反驳的是甲的论证方式,指出了甲从论据 B 不能必然地推出论题 A。（这里的论证方式也可以分析为"如果"推理：如果小王是电工，则他会修电灯。小王会修电灯，所以小王是电工。这个推理同样犯了"以可能为必然"的错误，也是推不出的。）

（三）辩护模式

辩论如同作战，无非进攻或者防守。辩论中的进攻是反驳，防守为辩护。进攻固然是第一位的，但防守也很重要。"能攻善守"才能立于不败之地。

在辩论过程中，如果我方的观点受到责难，为了维护我方观点，辩论者需要重新论证或补充论证我方观点的真实性，这就是辩护。辩护是对对方反驳所进行的反驳，即反驳的反驳。因此，它是一种特殊的反驳，也是一种特殊的论证。其模式为：

甲：A 假，因为 B

乙：A 真，因为 C

在模式中，甲为反驳，乙为辩护。

例如：

《三国演义》有著名的"诸葛亮舌战群儒"一节，生动地描述了诸葛亮与东吴文官们的一场大辩论。这场辩论是从诸葛亮与张昭的辩论开始的。

张昭："久闻先生高卧隆中，自比管、乐。此语果有之乎？"

诸葛亮："此亮平生小可之比也。"

161

张昭："近闻刘豫州三顾先生于草庐之中,幸得先生,以为'如鱼得水',思欲席卷荆襄。今一旦以属曹操,未审是何主见?"

诸葛亮："我主刘豫州躬行仁义,不忍夺同宗之基业,故力辞之。刘琮孺子,听信佞言,暗自投降,致使曹操得以猖獗。"

张昭："若此,是先生言行相违也。先生自比管、乐,管仲相桓公,霸诸侯,一匡天下;乐毅扶持微弱之燕,下齐七十余城。此二人者,真济世之才也。先生在草庐中,但笑傲风月,抱膝危坐。今既从事刘豫州,当为生灵兴利除害,剿灭乱贼。且刘豫州未得先生之前,尚且纵横寰宇,割据城池;今得先生,人皆仰望,虽三尺童蒙,亦谓彪虎生翼,将见汉室复兴,曹氏即灭矣……何先生自归豫州,曹兵一出,弃甲抛戈,望风而窜……弃新野,走樊城,败当阳,奔夏口,无容身之地。是豫州既得先生之后,反不如其初也。管仲、乐毅果如是乎?"

诸葛亮："吾主刘豫州,向日军败于汝南,寄迹刘表,兵不满千,将只关、张、赵云而已……新野山僻小县,人民稀少,粮食鲜薄,豫州不过暂借以容身,岂真将坐守于此耶? 夫以甲兵不完,城郭不固,军不经练,粮不继日,然而博望烧屯,白河用水,使夏侯惇、曹仁辈心惊胆裂。窃谓管仲乐毅之用兵,未必如此……当阳之败,豫州见有数十万赴义之民,扶老携幼相随,不忍弃之,日行十里……此亦大仁大义也。寡不敌众,胜负乃其常事。昔高皇数败于项羽,而垓下一战成功,此非韩信之良谋乎? ……盖国家大计,社稷安危,是有主谋。"

诸葛亮与张昭的辩论一共三个回合。第一回合,双方确认论题:诸葛亮能否与管仲、乐毅相比? 诸葛亮为正方;张昭为反方。第二回合,张昭以荆襄归属曹操,试着反驳诸葛亮的管、乐之比;诸葛亮以此事另有原因作为辩护。在第三回合中,双方展开了最激烈的攻防之战,非常精彩。张昭以刘备弃新野、走樊城、败当阳、奔夏口的一系列败绩为论据,反驳诸葛亮的管、乐之比;诸葛亮则以博望烧屯、白河用水为例进行辩护,强调在极端困难的形势下犹能取得重大胜利,是管、乐所不能及的。况且国家大计,是有主谋,胜负乃其常事。

这场辩论,表面上是诸葛亮的"管、乐之比",而实际的意义远不止此。当时曹操百万大军威逼江南,张昭等一般文臣主张投降曹操,而诸葛亮此行的目的则是为了联吴抗曹。所以张昭见诸葛亮"丰神飘洒,器宇轩昂,料道此人必来游说";诸葛亮则自思:"张昭乃孙权手下第一谋士,若不先难倒他,如何说得孙权?"所以在辩论中,双方都力图压倒对手:张昭攻得猛烈,诸葛亮守中有攻,在辩论结尾时更是转守为攻。诸葛亮说张昭乃"夸辩之徒,虚誉欺人,坐议立谈,无人可及;临机应变,百无一能,诚为天下笑耳",使得张昭无言以对。

辩护是为了保护自己而反驳对方的,从外交谈判、法庭辩论到日常生活,辩护都是人们常用的一种求证手段。

最后,说说"诡辩"问题。

诡辩是一种不正当的辩论方式,表面上似乎很"逻辑",实际上很荒谬。

例如:

有一个人骄傲自满,而且振振有词。他说:"骄则必败,失败乃成功之母。我要成功,所以我必须骄傲。"

一个骄傲的人,在有人质疑的情况下,居然牛气十足地论证了自己的"骄傲逻辑",真可以说是诡辩高手了。那么我们来看看他是怎么推理的:

> 失败是成功之母。
> 骄则必败,
> 所以,骄傲是成功之母。

> 骄傲是成功之母,
> 我要成功,
> 所以,我要骄傲。

这个诡辩包含两个三段论推理。前一个三段论为第一格,内隐了结论"骄傲是成功之母",表面上模式有效。然而问题在于:"失败是成功之母"和"骄则必败"都是用以醒世的警句名言,由于没有严格的量限词,比如说并非所有的失败都能成为"成功之母"(成功的基础),因而内隐结论"骄傲是成功之母"并不可靠。后一个三段论为第二格,它以前一个推理的内隐结论"骄傲是成功之母"为大前提,以肯定判断"我要成功"为小前提,推出了"我要(必须)骄傲"的肯定性结论。这个三段论违反了"前提中有一个是否定判断,结论是否定判断"的规则。况且,"成功之母"与"成功"并非同一概念,又犯了"四概念错误"。

再举两个例子。

例1：

有一位女士,她男友的生活没条理,房间里一片狼藉,她偶尔评说几句,反被男友驳得哑口无言。请看下面的对话：

女士："你看,桌子上全是东西,哪还有什么空儿？你就不能整理整理？"

男友："桌子就是放东西的,如果空着,它的作用在哪里呢？房间里家具本来就是为人服务的,哪有我去整理,为它服务的道理？"

女士："为什么地上也摊得一塌糊涂？衣服、球拍、包,到处都是！"

男友："谁又规定地上不能放这些东西？地板只不过是做得矮一些的桌子嘛！"

女士："你看地板上的灰都积得有地毯那么厚了！"

男友："是啊！省得我买地毯了。"

女士："你看你的床单多长时间没有洗了！简直和地板一样脏！"

男友："你怎么不说,我的地板和床单一样干净呢？"

……

男友无理却振振有词,真是气煞这位女士了。

例2：

一对夫妻,老婆回到家里,老公差一点儿没认出来,因为老婆剪掉了披肩长发,烫成了爆炸式的发型。老公埋怨说："你剪头发也不和我商量商量？你现在的发型非但不好看,简直像老太太了。"老婆被老公挖苦的话说急了,她气愤地说："不就是剪头发没和你商量嘛！

值得你这么说我？那我问你,你的头发掉成现在这样,都快成秃顶了,你和我商量过吗？"

老婆说老公掉头发没有和她商量,这算什么辩论？

这两个诡辩的例子,虽然只是相爱的人之间的斗嘴,小事一桩,但都生动地说明了诡辩完全不同于正常的辩论:辩论是一种求真的论证,也可反驳和辩护,而诡辩则是强词夺理的谬论。比如这位老婆说老公掉头发"没有和她商量",是一种"不相干类比",属于逻辑错误,自然没有真理可言。至于那位男友的谬论,推理比较复杂,除一些"推不出"以外,逻辑错误还表现为"偷换概念"和"转移论题"。

逻辑是诡辩的天敌。虽然由于诡辩是"躲在十字架背后的魔鬼",防不胜防,但是诡辩者只能欺负缺乏逻辑素养的人。如果我们以逻辑为工具,是不难驳倒诡辩的。

三、求证方法

求证的方法很多,归结起来,大体可以分为以下三类。

(一) 事实证明

俗话说:"事实胜于雄辩。"用事实来证明论题的真实性,一向都是很有说服力的。

例如:

在 1979 年诺贝尔物理学奖授奖仪式上,瑞典皇家科学院教授纳吉尔发表祝词说:"物理学上的各个重大进展,往往在于把表面上看来毫不相关的现象联结于一个共同的起因之中。一个经典的例子,便是牛顿为了解释苹果下落和月球绕地球运行而引进的'万有引力'。"

又如:

在一场关于学英语有没有捷径的辩论中,辩论者针对"学英语有捷径"的观点,反驳说:"看看我们的先辈——丰子恺学外语,每篇课文平均读 20 遍以上;林语堂学英语,把一本《简明牛津辞典》翻得散了架;钱钟书学英语,光《韦氏大辞典》就通读了三遍。难道对方还要说,他们的成就是因为走了捷径?"

两例都是"用事实说话",称为例证法。例证法应用了归纳推理,即从个别事例推出一般原理。前例以一个众所周知的经典例子为论据,论证了论题的真实性;后例以丰子恺、林语堂、钱钟书三位先辈刻苦学习英语的事迹为论据,论证了对方论题的虚假性,反驳了对方的观点。

前述诸葛亮与张昭的辩论,主要应用的也是例证法。

(二) 演绎证法

演绎证法是求证过程中使用最多,也是最重要的推理方法。前面讨论论证模式和反驳模式时所举的例子,都属于演绎证法。下面再举几例。

例 1:

在美国某城市,两声枪响后,有人倒在血泊里。一辆黑色小车呼啸着横穿了两个车道,拐进了胡同,被前面的大货车堵住了。两个人从车里爬出来,被巡逻的警察抓住了。警察把他们交给了联邦调查局的特工。

特工布朗的任务是:把小车开走,以便恢复交通。布朗坐上驾驶座,调整了一下后视镜,把车倒回去,开到同事们审讯嫌疑犯的地方。布朗仔细观察两个嫌疑犯:一个瘦高个儿,表情暗淡;另一个矮胖子,与布朗差不多高,比较健谈,说话时爱打手势。

"我再问一遍:你们两个,谁开的枪?"探长大声地喊着。

"不是我。"瘦子说。

"也不是我。"矮胖子说。

布朗面带一丝微笑,轻声地对探长说:"我知道是谁开的枪。"

布朗说,开枪的人就是那个矮胖子。布朗的推理是:开枪的人不是瘦子就是胖子。布朗在驾驶座上需要调整后视镜,说明司机是那个瘦高个儿,所以开枪的人只能是矮胖子。(如果应用"话中话"推理,也能得出同样的结论:矮胖子说"也不是我",这句话的恰当性是:开枪的不是瘦高个儿,否则"也"字不恰当。可是他们两人中必定有一个人开了枪,既然矮胖子承认不是瘦高个儿,那就只能是他自己了。)

这是个"或者"推理:A 或 B,并且不是 A,所以 B。这样的求证方法称为汰证法,也就是我们前面说过的"排除法"。

例 2:

巴基斯坦电影《人世间》的女主角拉基雅,对丈夫连开五枪,而律师曼索尔却证明她不是凶手。律师是这样论证的:

如果拉基雅是凶手,那么她所射出的子弹至少有一颗打中她的丈夫。经现场检查,五颗子弹都打在对面的墙上。如果拉基雅是凶手,那么子弹一定从前面打进她丈夫的身体,因为她是面对面地向她丈夫开枪的,但检查尸体,发现子弹是从背后打进去的。

拉基雅的律师用"如果"推理的否定后件式论证了论题"拉基雅是凶手"为假。相反地,反论题"拉基雅不是凶手"则为真。这样的求证方法称为反证法。

例3:

晋代有杨氏子,9岁,很聪明。孔君平探望他的父亲,父亲不在家,孩子出来接待。孩子拿出来招待客人的果品中有杨梅,孔君平开玩笑说:"此是君家果。"孩子立即说道:"未闻孔雀是夫子家禽。"

这孩子果然聪明。孔君平说"杨梅是你们杨家的果品。"如果以这句话为前件,那么它蕴涵后件:"孔雀是孔家的家禽。"由于后件明显地荒谬,孩子否定了后件:"未闻孔雀是夫子家禽。"由此否定前件:"杨梅不是杨家的果品"。这样的求证方法称为归谬法。

归谬法同反证法一样地应用了"如果"推理的否定后件式,但它不同于反证法:反证法用于立论;归谬法用于反驳。

(三)修辞式推论

修辞式推论所传达的是一种言外之意——"字面意义"的转义。比起归纳或演绎论证,修辞式论证更多了一层艺术表达的韵味。

例如:

有一篇文章引用了法国作家拉封丹的一则寓言:

北风和南风比试,看谁能把一个行人的大衣脱掉。北风首先施展威力,行人为了抵御寒风的侵袭,把大衣越裹越紧。南风呢?则是徐徐吹动,顿时风和日丽,行人只觉得春暖如斯,始而解开纽扣,继则脱掉大衣。

寓言只是比喻,目的在于说明某个抽象的道理,也就是传达言外之意。从一个寓言可以推出不同的结论。但在这篇文章中,作者写道:"对后进青年的教育帮助,刮'北风'与吹'南风'不是也大相径庭吗?"原来作者的用意,是要论证这样一个论题:对于后进青年的教育应该采取温和渐进的方式。这样的求证方法称为喻证法,属于类比推理。

喻证法总是为了论证"言外之意"的某个论题。前述"愚公移山"的故事,作为寓言,也是喻证法。当年毛泽东引用这个故事,就是用以论证:中国人民能够挖掉"帝国主义"和"封建主义"两座大山。

又如:

东汉末年,益州别驾张松去见曹操,曹操点了虎卫雄兵五万,布于教场中,以显示兵力之盛。曹操说:"吾视天下鼠辈如草芥耳!大兵到处,战无不胜,攻无不取,顺吾者生,逆吾者死。汝知之乎?"张松说:"丞相驱兵到处,战必胜,攻必取,松亦素知。昔日濮阳攻吕布之时,宛城战张绣之日;赤壁遇周郎,华容逢关羽;割须弃袍于潼关,夺船避箭于渭水:此皆无敌于天下也。"曹操大怒,说:"竖儒怎敢揭吾短处!"

张松论证的论题,表面是曹操"驱兵到处,战必胜,攻必取",然而他的论据却是曹操最丢脸的那些败仗,无怪曹操大怒,说张松胆敢揭他的短处。张松论题与论据相矛盾的论证方法意味着什么?实际上张松所要论证的论题恰恰相反,即曹操并非"驱兵到处,战必胜,攻必取"。这样的求证方法,不妨叫作"反语证法"。

反语证法不同于反证法:反证法属于直义推理,而反语证法应用的是转义辞格的推理。直义推理可以诉诸字面意义,而转义辞格的推理更多了一层曲折,不妨称之为"曲义推理"。

第三节　创　新　推　理

一、大胆假设,小心求证

创新推理也是一种试推法,是指在特定推理情境中的某种假设推理和对假设推理的求证。创新推理的特征,一是大胆假设,二是小心求证。

创新推理中的"大胆假设",胆子要大到"异想天开"的程度,否则不能突破常规思维的束缚,无法实现创新。

例1:

孩子拥有一双直排轮溜冰鞋,家长们教孩子溜冰,总是先教孩子怎样防止跌倒。可是谁也没有想到,教溜冰的教练竟然从学会"跌倒"教起。

从学会"跌倒"教起,这是"异想"。

例2:

日本某乡村,有几个人在池塘挖藕,不知谁放了一个响屁,惹得众人大笑起来。有人说:"好响呀! 真够分量。像这样的重磅响屁再来几个,干脆把这些藕都冲出来,那就免得我们再费劲了。"大家更笑得直不起腰来。然而"说者无心,听者有意",其中一个人就想:"要是用唧筒把压缩空气灌进池子里,靠压缩空气的强大力量,不就真的可以把藕冲出来吗?"

像放屁一样,将压缩空气灌进池塘里把藕冲出来,这也是"异想"。

例3:

某商场经常发生商品被窃事件,经理采取了不少措施,但都收效甚微。商场的一位顾问建议:"花钱雇两个小偷,让他们在商场里偷窃,偷到的东西归他们所有;然后把他们放掉,继续让他们偷东西。"经理听了大为惊讶,以为顾问不过是在说说笑话而已。

花钱雇小偷来解决商品经常被偷的问题,更应该算是"异想天开了"。

大胆假设,意在超越常规思维。超越常规越远,越有创意。

当然,创新推理的"异想天开",也不是"老鹰叼斧头——云里雾里砍",不着边际。大胆假设,还必须小心求证。

创新推理中"小心求证"的意思是说,推理者在大胆假设之后,再返回来寻找前提与结论之间的蕴涵关系,接受逻辑的严格审查。创新思维只是表面上不合逻辑,而在实际上,任何有价值的创新观点都是合乎逻辑的。

比如例1：

孩子们学溜冰，最大的心理障碍就是怕跌倒，家长们教孩子溜冰时，最怕的也是孩子跌倒。与其害怕孩子跌倒，不如教他们学会跌倒，让他们觉得跌倒很好玩，并且知道在跌倒时怎样保护自己。这就是"学溜冰的逻辑"。

实践也证明了这个推理是正确的。教练教孩子们戴好头盔、护手、护膝，然后喊："一、二、三，跌倒！一、二、三，跌倒！……"孩子们觉得好玩极了。大约练了十余次后，教练将小朋友排成一排，让他们扶着栏杆练习走路。教练有节奏地喊着："踩死蚂蚁！踩死蚂蚁！……"引导孩子们一步一步地往前走。此后，教练教他们离开栏杆走路，不多一会儿，一个个孩子就能在人行道上溜起来了。

比如例2：

挖藕人说，"像这样的重磅响屁再来几个，干脆把这些藕都冲出来"。当然只是一个笑话，但对于这位有心人来说，他应用了类比推理，即"用放屁冲藕"和"用唧筒把压缩空气灌进池子里，靠压缩空气的强大力量把藕冲出来"有相似之处，不妨一试。当然，这还仅仅是个假设。

这位有心人针对用唧筒给藕池灌空气的方法做实验，结果只见冒水泡，不见藕上来。第一次试推失败。后来，他改用水冲，即把水加压后用唧筒灌进池子里，这下子成功了：不仅挖藕既多又快，而且挖出来的藕不像人工那样容易损坏，还被水冲洗得干干净净。

比如例 3：

提出雇小偷偷窃以防小偷的那位顾问，他的推理是：如果商场的职工们多次发现小偷并把他们抓获，不但警惕性大大地提高，而且识别和抓住小偷的本领也越来越强。这样，不管技术多么高明的小偷也很难下手了。当然，事先不能让职工们知道。

商场经理对这样做法有怀疑，但还是照办了。实验结果是，效果果然很好。在很长一段时间里，商场再没有发生商品失窃的事件。

创新推理的试推性质是明显的。由于它违背常规，不是"按理出牌"，所以不可能"一贯正确"，犯错误是常有的事。但是，如果假设的真实性程度很高，尽管求证的途径曲曲折折，其结果通常是会成功的。

在创新推理的过程中，大胆假设和小心求证是紧密相连的两个环节：如果假设的胆子不大，就不能突破常规思维；如果求证不小心，就有可能使假设失去了成真的机会。

创新推理是聪明人的思维，更准确地说，是"有心人"的思维。它可能产生于瞬间的灵感，但也可能是日积月累的智慧结晶。达尔文研究进化论 20 余载，而华莱士只是在印度"疯狂"的一周里就完成了进化论的研究。

创新推理不是某种一用就灵的神奇公式，不是照本操作就能烹调美味佳肴的菜谱，它是推理者的一种心态和习惯。有的人总是习惯于常规思维，一切都按部就班，不越雷池一步；有的人则喜欢标新立异，不怕风险，敢闯新路。他们的思维方法是大不相同的。

　　创新是社会进步的动力,人类社会的每一个进步都离不开创新。今天的时代,只有创新才能发展。一个没有创新能力的民族,难以屹立于世界先进民族之林;一个政治家、企业家、学问家,如果没有创新思维,他就有愧于这个"家"字称号。时代呼吁创新,我们每个人都应当努力发展创新思维,提高创新推理的能力,争当创新者。

　　郭沫若先生说:"既异想天开,又实事求是,这是科学工作者特有的风格,让我们在无穷的宇宙长河中去探索无穷的真理吧!"这段话是郭沫若在1978年的科学大会上对科学工作者说的,如果就日常思维而言,我们每个人都应当如是地做一个创新者:既异想天开,又实事求是——小心求证。

二、联想和断想

　　创新思维方法也应当是不断"创新"的。有一本《怎样想点子?》的书,举出了诸如"跳出框框想""四面八方想""换个角度想""倒过来想""拐个弯想"等数十种方法,这里大约归为两种:联想和断想。

(一)联想

　　联想未必都是推理,比如"浮想联翩",从一事物联想到许多事物,其中未必都能构成蕴涵关系,也就是说,不可能都是推理。但是联想中确有推理,比如类比推理就是通过联想来实现的。

　　创新思维是在五光十色的精神世界里漫游,一个偶然的机会把两个互不相干的事物联系起来,并且发现其中具有某种蕴涵关系,于是构成了创新推理。这就是创新推理者的联想。

例如:

瑞士人马斯楚在一次登山旅游中,身上粘了很多鬼针草,清除起来很困难。回家后,他用放大镜仔细观察了这些小东西,发现鬼针草上长着许许多多小刺,正是这些小刺牢牢地钩住了他的衣服。于是马斯楚联想到钮扣的功能,他想:能否用这样的道理创造一种代替钮扣的东西,使用起来比钮扣更为方便。经过许多次实验之后,他试制成了一种特殊的布,它由两个小布块构成:一个布块织上许多小钩,一个布块织上许多圆球,把它们一合拢,钩子钩住圆球,两块布就牢牢地粘在一起了。于是,马斯楚发明了"免扣带",并且很快地风靡世界。

马斯楚的创新推理,就是缘于相似性的联想。他应用了类比推理,从鬼针草粘住衣服联想到这一现象与钮扣功能的相似性,提出了"免扣带"的假设,经过求证和实验,终于获得成功。

又如:

南北朝时期文学理论家刘勰,苦心写成《文心雕龙》一书,但在当时的学术界还不大有人知道他,所以这部书没有引起人们的重视。刘勰很想得到大学问家沈约的定评,但多次求见都被看门人拒之门外。刘勰左思右想,终于有了一个主意:扮作卖书郎到沈约门前卖书。有一天,沈约从外面回来,听到有人大叫卖书,便迎上前去。刘勰乘机献上自己的著作,并解释说:"小人写了一本书,因为不能登门

得到大人的指教,所以扮成卖书郎在此等候大人。"沈约欣然带走了
《文心雕龙》,读后大为赞赏,说它"深得文理"。从此,刘勰的名气逐
渐大了起来,《文心雕龙》一书逐渐成为广为流传的名著。

刘勰在"望'门'兴叹"的情境中,常规推理已经不起作用,于是
他想出了一个"妙招":扮作卖书郎。刘勰的联想路线是:大学问
家—读书—买书—卖书—卖书郎。这条联想路线不是"相似性",而
是"相关联"。沿着这条路线,刘勰完成了他的联想推理:如果大学
问家喜欢读书,那么他喜欢买书;如果大学问家喜欢买书,那么扮作
卖书郎就可以接近他,所以,刘勰扮作卖书郎。由于这个"如果"连锁
推理是在刘勰突破常规思维之后,从"相关联"的联想中完成的创新
推理,这些推理既是一连串的情境假设,也是对假设的求证——论证
了扮作读书郎的可行性。

联想的创新推理是"由此及彼"的推理,它是一种横向思维,而不
是纵向思维。所谓"纵向思维"就是常规的演绎推理,它好像掘井一
样,越掘越深,而"横向思维"则是在无法向纵深发展的情况下,转变
为水平方向,"由此及彼"地把思考引向既定的目标,以寻求新的发
展。所以联想的"创新"应当属于横向思维而不是纵向思维。

(二)断想

断想和联想一样,也属于横向思维。如果说联想的创新推理是
一种"由此及彼"的横向思维,那么断想的创新推理则是一种"弃此
就彼"的横向思维。断想的创新推理也是在遭遇常规思维障碍的情

况下采取的一种水平思维,但是断想的推理者想到:既然发现掘井掘错了地方,掘得再深也无助于事,那就不如换个地方,另掘一口井。所以这是"弃此就彼",而不是"由此及彼",是断想而不是联想。

例如:

我国的茅台酒现在享誉全球,但是最初并不为外国人所青睐。在 20 世纪 20 年代的一次国际博览会上,外国人对于装饰简陋的茅台酒仍然不屑一顾。中国的酒商们在无计可施的情况下,居然想出了一条"妙计":在客商云集的时候,有人似乎"无意"间碰倒了一瓶茅台酒,刹那间酒香四溢,一下子就吸引了客商们的注意,并且赢得了异口同声的赞赏。茅台酒终于跻身世界名酒的行列。

中国酒商放弃了一切常规的宣传手法,采用似乎与商品宣传不相干的一个"绝招":让扑鼻的酒香给予在场客商一个实指前提,由他们自己推出我们所需要的结论。

又如:

有一家旅馆,生意不错,只是电梯的容量太小,高峰时刻,常有旅客在电梯口等候电梯,使得旅客们有不少意见。如果再装一部电梯,要花很多的钱,所以经理一直没有决策。有一次,经理同一位心理学家朋友聊天,聊到这件事情时,经理说:"看来是下决心的时候了。"心理学家想了一想,说:"用不着再装一部电梯,只要在电梯口装上一面大镜子就行了。"经理这样做了,没想到效果竟然非常好。旅客们在镜子前整整领带,梳梳头发,女士们补补妆,等候电梯的时间一下子就过去了。从此之后,不再听到旅客们的怨言。

这位心理学家采用的就是"弃此就彼"的创新推理,是一种断想。

人们的日常思维,容易循着一条"惯性轨道",形成常规思维。常规思维固然让人们驾轻就熟,但是如果被常规思维所约束,那就好像自我囚禁在思想的牢笼里。为了摆脱常规思维的束缚,创新思维者就得把自己从"思想牢笼"解放出来。无论是"由此及彼"或者"弃此就彼",都会使我们的思想获得解放,体验到"山重水复疑无路,柳暗花明又一村"的美妙境界。

相对于孩子们来说,成年人富有生活经验,而经验是十分宝贵的。可是经验有时候会把人们引向"惯性轨道",自投"思想牢笼"。至于孩子们的思想,由于没有"经验"的约束而能够自由飞翔,比成年人更具有创新精神,往往能轻而易举地解决了成年人百思不得其解的难题。

例如:

据说篮球运动刚诞生时,篮板上真的挂着一只篮子。每当投进一球,就由专人登着梯子把球取出来。球取出后,比赛继续进行,但已经减少了那种紧张激烈的气氛。为此,人们想出了不少主意,甚至有人发明了一种机器,只要在下面用手一拉,球就会自动地弹出来。即便如此,仍然不能让比赛紧张激烈起来。

有一次,一位父亲带着儿子来看比赛,小男孩看到大人们一次次地取球,不解地问父亲:"为什么不把篮子的底去掉呢?"一句话,让大人们恍然大悟,于是有了今天篮球的网篮。

再说一个例子:

　　有一家三口来到城里,想租一套房子住下。他们寻找了一整天,终于找到了一户人家愿意出租房子。可是房主却提出了一个条件:不租给带孩子的住户。正当爸爸、妈妈束手无策的时候,五岁的小男孩说道:"我去租房子。"于是他敲开了房主的门,说:"这房子我租了。我没带孩子,只带来两个大人。"房主看看这个聪明可爱的孩子,高兴地接受了。

　　事情就这么简单。学学孩子,冲出思想牢笼!

第六章　悟

第一节　悟，内隐推理

一、神秘的悟

我们经常听人说:"我悟出了一个道理。"有时候我们自己也这样说。

那么,这个"悟"究竟是什么意思?"悟"有"领悟""体悟""感悟"等意思,可是"领悟""体悟""感悟"又是什么意思呢?说是"理解"吧,似乎不及"理解"那样地明晰;说是"感受"吧,又似乎比"感受"要"明晰"一些。总之,有那么一点儿"说不清、道不明"的味道,或者说,有一点神秘。老子说:"道之为物,惟恍惟惚。惚兮恍兮,其中有象;恍兮惚兮,其中有物。"也许这就是"悟"吧。这样的"悟",甚至可以说:颇有点儿神秘。

悟是一种过程不清晰的推理。悟的推理给人以神秘的感觉,大概就是推理过程不清晰这个缘故吧!

例如：

一个年轻人自幼失去父亲，母亲艰难地把他抚养长大。完成学业后，年轻人勤奋地工作，虽然生活并不宽裕，但是母子相依为命，其乐融融。

有一天，儿子下班回来对母亲说："妈，您太辛苦了！这都因为儿子挣的钱太少。现在有朋友要我一起投资一个生意，顺利的话，我们就有钱了，妈妈您要什么就有什么。"

母亲听了，问儿子："你做这个生意，赚的是不是正当的钱？"儿子说："钱是正当的，不过可能对别人有点不公平。"

母亲说："儿子呀，每天早晨都是妈妈叫醒你的，是不是？"儿子说："是啊！您为什么问这个？"

母亲说："我每天准备早餐，看时间快到了，就在厨房叫你。叫了好久，没有听到回应，我就上楼叫你。有时候还叫不醒，我就把你摇醒。看你那副睡不醒的样子，我心里很踏实。妈妈不希望你睡不安稳啊！"

儿子听了这番话，恍然大悟地说："妈，我知道了，我会让您安心，不去做让您担心的事。我们辛苦一些没关系，只要心安，日子就过得很快乐，对不对？"母亲很高兴地说："对。心安理得，就是幸福啊！"

母子俩的推理，由母亲提供前提：讲述一件生活实事，儿子恍然大悟，"悟"出了结论"心安理得就是幸福"，并且进一步推出：不去做让妈妈担心的事。母子俩"你知我知"，彼此间和谐一致，推理顺顺当当，但是其中的推理步骤并不是那么清清楚楚。儿子究竟是怎样

"悟"出结论的？恐怕推理者和我们旁观者都难以说清楚,因为"悟"的本身就是一种过程不清晰的推理。

"悟"是人类生活中常用的一种推理。日常生活中的推理绝大部分是"悟"出来的,由于推理过程不清晰,所以难以说出其中的步骤。读者不妨合上书本想一想,我们的实际思维是不是这样?

那么"悟"的奥秘究竟何在呢? 原来"悟"是一种内隐推理,它总是存在一些内隐前提,甚至连结论也是内隐的。这些推理的内隐成分,有些可以分析出来,比如省略、假设等,但有些则是分析不出来或者很难分析出来的。因为人的思想感情(特别是感情)本来就有许多说不清、道不明的地方。

读者大概还记得,我们曾经给出过这样一个推理公式:

$$A_1,A_2,\cdots,A_n,所以 B$$

这是多前提的推理模式,前提中的省略号"…"意思是说,为了书写方便,中间那些前提可以不表示出来。但对于悟的推理来说,符号"…"还有一层含义,那就是:前提中有一些是不清晰的。

悟作为不清晰的推理,是一种理性思维,又同直觉思维相关。直觉思维至今仍然是一只"黑箱",我们并不能说清楚多少。一般地说,直觉思维过程不像演绎推理那样经过环环紧扣的程序,而是一些"心领神会"的心理活动。由于直觉思维的参与,悟的推理就难免存在不清晰的现象。

人们常常讨论:中国人和西方人的思维究竟有没有什么区别?

如果说"有"，大概就是：西方人强调论证，而中国人强调"悟"。当然，这并不是说西方人不使用悟的推理，而是说在中国人的传统思维中，"悟"具有更重要的地位，甚至成为中国人的思维偏向。

无可否认，西方人也同中国人一样，常常使用悟的推理。还记得我们前面说过"三根指挥棒"的故事吧！当三根指挥棒递到指挥家沃尔特面前的时候，他猛然清醒过来：原来自己并不是取代不了的人物。虽然我们分析了沃尔特思维过程中的一些推理，但是对于沃尔特本人来说，特别是他"猛然清醒"的时候，他实际上使用的只是悟的推理，其过程是不清晰的。

然而西方人十分重视演绎推理和论证，这也是不争的事实。当年亚里士多德创立严格的演绎逻辑，并不是偶然的心血来潮，亚里士多德逻辑是当时西方人实际思维的规律性的总结。西方历史形成的重视论证的传统，甚至使得中世纪的神学家们利用亚里士多德逻辑来论证上帝的存在。到了近现代，西方实验科学的高度发展，更应当被视为重视逻辑推理和论证的结果。

至于中国先贤们的学说，一般只说出论点，并不在乎对论点的真实性进行论证。比如《论语》一书都是孔子的语录，这位圣人只要人们明白"是什么"，应当"做什么"，而很少说明"为什么"。老子《道德经》开篇第一句："道可道，非常道；名可名，非常名。"意思是说，什么是道？连说都是不可说的，更何况论证呢？当然，圣人立论并非信口开河，没有推理，但这种推理大多是"悟"，推理过程并不清晰。后人们要了解圣人那些深邃的道理，也只能靠"悟"，似乎没有别的办法。

所以自古以来，"悟"就是中国人最重要的认知方式。

中国先贤们的学说缺乏论证，当代哲学家张岱年先生曾经举过这样一个例子：

宋代理学家程颐有一个著名的论点："道无天人之别。"就是说，天道和人道其实是一个道。至于为什么，他没有说。后来朱熹有个解释，他说，天道是元亨利贞，元是生，亨是长，利是遂，贞是成。植物由生而长，而开花，而结果，这是自然的规律。人道是仁义礼智，仁即生，礼即长，义即遂，智即成。仁礼义智与元亨利贞相应，所以天道和人道是统一的。

张岱年先生指出："这说不上论证，不过是牵强比附。"他还进一步认为，这种缺乏论证的思维方式，表现出中国哲学的一个重要特征：模糊思维。

"模糊思维"也就是"不清晰"的思维，亦即悟的推理。如果说朱熹的解释中含有"因为""所以"，也算是推理或论证的话，那么这种牵强附会的推理，真实程度趋近于零，因而也就不能称其为论证了。

悟的推理在人类认知过程中究竟处于什么样的地位？西方哲人和中国的先贤们也有两种截然不同的说法。西方有人认为，悟性是感性认识和理性认识的中间阶段，兼具感性直觉和理性抽象两种认知方式的某些特点。作为推理，"悟"的过程难免具有不清晰性。而中国的先贤们则把悟性思维看成人类认知的最高境界。宋代哲学家张载曾经提出三种认知能力：一是"闻见"，即感性认识，他认为，人的耳目"闻见"是有限的，不能认识无限的宇宙；二是"穷理"，即理性认识,他说"穷理"只是就事物上"推类",认识能力仍然有限;三是"尽性",这是一种直觉体悟宇宙本体的能力。在他看来,通过直觉体悟的方法,就可以达到"天人合一""物我一体"的最高境界。所以说,中国的先贤们特别重视悟的推理而忽略论证。

强调悟的推理而忽略论证,看来是中国人传统思维的偏向,也是一个不容否认而又需要着意完善的特点。

我们在前一章说过,大胆假设,还须小心求证。高境界的悟性推理的确可以做出大学问,成就大事业,但是千万千万,我们不要忘记小心求证,必须努力提高悟性推理的真实程度。

二、自悟、他悟和悟他

关于悟的推理,有"自悟"和"他悟"的区别。此外,我们还将涉及与之相关的"悟他"推理。

(一) 自悟

自悟是指在沉思默想中感悟的推理。它是一种高度内隐化了的推理,不仅存在内隐前提,而且结论通常也是"内隐"的。

有一篇《感悟幸福》的文章,讲了这样一个故事:

有一个男人,退休后到另一座城市去会初恋情人,想再续前缘。然而事过境迁,"她"已经不是当年的她了。

他踏上归途,在飞机上满脑子想的还是她,对家里的那个女人,就从没有过这样的热度。可这都是过去的事情了。难道真像人们说的：人就是贱，对属于自己的总是不上心，对没能得到的却怎么也忘不了。他闭上双眼，想忘掉自己的失落。

一阵急促的播报声惊醒了他。他抬起头，电视屏幕上正回放着一起交通事故。车祸就发生在他家东头的丁字路口，那刚好是他家里的女人每天买菜经过的地方。播音员说，一个50开外的女人被一辆超速的摩托车撞倒了，当场殒命。

他一下子蒙了，觉得心里有一股涌动的山洪，顷刻间就要爆发。他哭了。

他承认，他从来就没有喜欢过妻子，而妻子对他的爱从一开始就那么干净和执着。在他走"背字儿"的日子，她嫁给了他，给了他一个温暖的家，也给了他起死回生的劲头，从而获得成功。但是这么多年来，不管她做得多好，也无法让他有"心跳"的感觉。

而此刻，他好像变成了另一个人。就在他确信她死去的分分秒秒里，他忆起了她对他的每一点关怀，想的全是她的好。他多么渴望上天再给他一次机会：让他重新爱恋他的女人。

当他回到家门口的时候，窗内的灯光突然照亮了他的心。他用钥匙打开门，听见的居然是妻子的声音："回来啦!"看见的依旧是妻子那淡淡的抿嘴一笑。妻子说："你说你7号晚上回来，估摸快到了，正给你包饺子哩!"他没接话儿，却走上前去，在妻子身后把她搂在怀里。他让自己在妻子的身后狠狠地忏悔，让妻子在自己怀里久久地享受。

在这个令人感动不已的故事里,男人"感悟"推理的全过程都是在沉思默想中进行的,所以是自悟。

这位男人"感悟幸福"的过程是由一系列推理构成的。其中暗含许许多多"因为"和"所以",虽然有极少的外显性实指前提,但更多的是内隐前提。至于结论,则全是内隐的。在这些推理中,有的可以分析,比如推理者根据电视屏幕上的交通事故和自家窗口的灯光,进行了情境假设和"如果"推理,但是更多的推理则是不可分析或很难分析的。特别是那些以情感为前提的推理,其过程又有谁能够说得清楚呢?

(二)他悟

他悟是因他人而悟,也就是在交际过程中,推理者受到对方的启示所进行的推理。他悟的推理存在更多的外显前提,但仍然有推理者自己的内隐前提。结论可以外显,也可以内隐。

作家林清玄,在一篇散文中记述了这样一件事情:

作者老家的一块空地,租给别人种桃花心木的树苗。树苗种下后,种树人总是隔几天才来浇水。他来的天数没有规则,浇水也不定量。由于常常出现枯萎了的树苗,所以他来时总会带几株树苗补种。

作者起先认为种树人懒惰。可是种树人说,种树是百年基业,所以树木要学会自己在土地里找水源。他浇水只是模仿老天下雨,老天下雨是算不准的。如果树苗无法在不确定中找到水源,很自然就会枯萎。但是,只要在不确定中找到水源,拼命地往地下扎根,长成百年大树就不成问题了。

种树人还进一步说:"如果我每天都来浇一定量的水,树苗就会有依赖性,根就会浮生在地表,无法深入地底。一旦我停止浇水,会有更多的树苗枯萎。有幸存活的树苗,遇到狂风暴雨,也难免一吹就倒了。"

种树人的话使作者很感动。他想到的不只是树,人也是一样。在不确定中,我们会养成独立自主的心理,不会依赖,我们会把很少的养分化为巨大的能量,努力生长。

在这个"桃花心木"的故事中,有两个人的推理:一是种树人的推理,因为有"所以""如果""只要""一旦"等语言标记,不难分析;另一是作者的推理。由于作者的推理是以种树人的话语为前提的,所以是"他悟"而不是"自悟"。

作者的"他悟",从总体来说使用的是类比推理,即从种树和育人的相似性上推出了培养人们独立自主心理的重要意义。然而事情并非这么简单。作者从种树的道理联想到做人的道理,其中含有许多内隐前提和内隐结论,远不是简单的类比推理所能解释得了的。也就是说,作者在类比推理中还有推理。

中国传统文化中有"十年树木,百年树人"的说法,隐喻地说明了培养人才乃长远之计,以及培养人才的艰难程度。这与作者的文章异曲同工,一样地存在许多悟的推理。

前面说到的母子俩的推理,对于儿子来说,就是"他悟"推理。儿子以母亲说的事情为外显前提,加上自己的内隐前提,推出了结论:

"心安理得就是幸福"以及"不去做让妈妈担心的事",所以属于他悟而不是自悟。

(三) 悟他

悟他是指在交际过程中,说话人的话语使得听话人"悟"出自己所要得出的结论。"悟他"与"他悟"不同:悟他是"使他人悟",而他悟则是"因他人而悟";悟他是主动地开导别人,而他悟则是被动地接受别人开导;悟他属于表达,而他悟则属于理解。

例如:

公司的人大多不喜欢乔,因为他实在是一个很讨厌的人。

同事琳带来一只很大的芒果,分给乔一半——果肉多的那块。乔看了看,说:"我吃芒果都是削了皮,切成小块的。"琳觉得乔太过分了,心里恼火,转身要离开。但她想了一想:"别和他计较。不要因为人家冒犯了你,就不善待人家。"

当乔接过一盘切得整整齐齐、黄澄澄的芒果时,他欲言又止,脸上写满了感动。

第二天,乔送给琳一盒果仁巧克力。琳高兴地分给大家,说是"乔给大家的果仁巧克力"。同事们都欣喜地谢了乔。乔心潮起伏,不知说什么好。

从那以后,乔改变了许多。

这是一个"悟他"的故事。琳用的不是言语,而是行动,使乔"悟"到了为人处世的道理,改善了人际间的关系。这是一种"行为悟他"的推理。人们常说:"身教重于言教。"有时候,良好的行为能够给受教育者以更多的启示,"身教"比"言教"更能够获得良好的效果。

上述母子俩的推理,儿子的推理是他悟,而母亲的推理就是"悟他"。母亲用每天早晨唤醒儿子的事情,启示儿子懂得"心安理得就是幸福"的道理。相对于琳的"行为悟他"来说,这是"言语悟他"的推理。

由于悟他是"使他人悟",其推理本身未必是悟的推理,也就是说,作为表达者,说话人是力求明晰的。前例"桃花心木"的故事,种树人的推理属于言语悟他的推理,其中"如果""只要""一旦"以及"所以"等标示得清清楚楚,并没有什么不清晰的地方。因为要"使他人悟",一般说来,"以其昏昏,使人昭昭"是不行的。

然而悟他推理也有复杂的情况,比如说,在特定的情境中"言者无心,听者有意",说话人可能只是悟的推理,过程并不清晰,但是听话人从中受到启示,推出了自己所需要的结论。由于"使他人悟",因而这个说话人"不清晰"的推理也成为"悟他"推理了。

三、修炼内隐前提

悟的推理由于过程不清晰,结论往往不是那么可靠,也就是说,结论具有或然性。然而在日常推理中,悟的推理不仅频率很高,而且作用很大,有时候竟然决定着一个人未来的命运。

悟的推理总是存在或多或少的内隐前提。这些内隐前提,大体可以分为两类:一类具有短暂性,比如情绪,昨天因为情绪不好,推出来的结论可能不大恰当,而今天情绪转好,推理也就比较切合实际了。另一类具有稳定性,比如亲情、爱情等感情,以及性格、爱好和意志、信仰等,相对地比较稳定,不大可能"朝三暮四",变化无常。含有这一类内隐前提的推理,就会具有较高程度的必然性。

含有稳定性内隐前提的推理,往往能够支配人生的命运,因为这样的内隐前提,通常体现着一个人的人生修养。而良好的人生修养,则需要长时间的修炼才能形成。

据报载:有一次,美国通用电气公司首席执行官杰克·韦尔奇应邀来我国讲课。一些企业管理人员听完课后感到有些失望,便问:"您讲的那些内容,我们也差不多知道,可是为什么我们和你们之间的差距会那么大呢?"韦尔奇回答说:"那是因为你们仅仅知道,而我们却做到了。这就是我们的差别。"

原来"知道"了并不等于"做到"了,说起来容易做起来难啊!人生修养的道理并不难"知道",难就难在亲身去实践这些修养,切实地"做到"。也就是说,"难"字不在于"知"而在于"行",只有把"知"转化为"行",实现"知行合一",才能做成大文章,成就大事业。我们要达到"知行合一"的崇高境界,必须通过"修炼",此外别无他法。

说到"修炼",我们都应当有这样的思想准备,即"修炼"不是一件容易的事情,它需要我们付出巨大乃至毕生的努力。但是,对于每一位追寻人生高境界的人来说,这样的努力无论如何是必须付出的。

那么,我们应当怎样去修炼、修炼些什么呢?

为了回答这两个问题,笔者想起了一位名人,他就是弘一大师李叔同。李叔同是一个传奇,他从大才子、大学者和大艺术家转而皈依佛门,在杭州避世而居,潜心修行。他的演讲稿被林语堂、梁实秋等誉为"一字千金",说是"值得所有人慢慢阅读,慢慢体味,用一生的时间静静领悟"。

下面,我们就引用弘一大师《改过实验谈》演讲中的一些内容,依次说明这两个问题。

先说怎样去修炼?

弘一大师的演讲分为总论和别示两个部分。总论"改过之次第",我们不妨理解为修炼的方法,这种方法归结为"学""省""改"三个字。其中解说,有一些为笔者自己的体悟。

1. 学。学习的知识有两个方面。一是人生哲理。大师建议"多读佛书儒书,详知善恶之区别及改过迁善之法"。另一则是笔者的主张:学点推理知识,尽量使推理过程清晰化。由于悟的推理具有或然性,其结论的真实性应当进行认真的论证。

2. 省。大师说:"既已学矣,即须常常自己省察,所有一言一行,为善欤?为恶欤?若为恶者,即当痛改。"孔子的高足曾参说过:"吾日三省吾身。"这样的大贤每天都要自我省察三次,我们平凡之人更不能自以为是,以为自己没有缺点,而过错全是别人的。

3. 改。大师说:"省察以后,若知是过,即力改之。诸君应知改过之事,乃是十分光明磊落,足以表示伟大之人格。"古人云:"过而能知,可以谓明;知而能改,可以即圣。"改,是修炼的关键环节。人生"知行合一"的实践功夫,就全在这个"改"字。

再说修炼些什么?

弘一大师所说的"别示",即是分别说明他"五十年来改过迁善之事",列出了下面十条,可供修炼者遵循、实践。

1. 虚心。"满招损,谦受益";虚心使人进步,骄傲使人落后。虚心是人生修养的第一要义。人生最忌"自以为是",明明是错,却听不进半点忠告,直到步入绝境,遗憾终身。

2. 慎独。在没有人监督的情况下也不做任何坏事,不做任何不符合道德规范的事,应当"于无人处见精神"。

3. 宽厚。造物所忌,曰刻曰巧。圣人处事,唯宽唯厚。"慎独"说的是严于律己,"宽厚"说的是宽以待人。

4. 吃亏。古人云:"我不识何等为君子,但看每事肯吃亏的便是。我不识何等为小人,但看每事好便宜的便是。"这确实是识别君子和小人最简单而又最容易掌握的标准,笔者也曾经这样思考过、实践过。

5. 寡言。孔子云:"驷不及舌。"意思就是"君子一言,驷马难追"。所以,说话不可不慎。

6. 不说人过。古人云:"时时检点自己尚不暇,岂有工夫检点他人。"人家的过错让人家自己检点。

7. 不文己过。不要"文过饰非",用漂亮的言辞来美化自己的过错。"文过"就好像"吊死鬼搽粉——越抹越难看"。

8. 不覆己过。不要掩盖自己的过错。如果得罪了他人,就应当当面道歉,不可顾惜体面。

9. 闻谤不辩。古人云:"何以息谤? 曰:无辩。"弘一大师说他"三十年来屡次经验,深信此数语真实不虚"。可是对于我们平凡之人来说,要有如此的修养,谈何容易!

10. 不嗔。古贤云:"二十年来治一'怒'字,尚未消磨得尽。"发怒最不易除,我们大多有深刻的体会。

这十条是弘一大师五十年来"改过迁善"的经验和体悟。大师说:"《华严经》中皆用十之数目,乃是用十以表示无尽之意。"人生修炼当然不只这十条。

大师说:"改过之事,言之甚易,行之甚难。故有屡改而屡犯,自己未能强作主宰者,实由无始宿业所致也。""无始宿业"乃佛家语,意思是人生来就具有"罪障恶孽"。用基督教的话说叫作"原罪",用我们今天的话说,就是人"天生的"必然犯错误。人既然必然犯错误,那么就要改正错误,培养良好的道德情操。为此,就得修炼。先贤"二十年来治一'怒'字,尚未消磨得尽",由此可见,要修炼就得下苦功夫。

俗语云:"只要功夫深,铁杵磨成针。"笔者以为,如果我们能够按照弘一大师提供的方法悉心修炼,把"知"和"行"统一起来,日积月累,就会使自己成为"一个高尚的人,一个纯粹的人,一个有道德的人,一个脱离了低级趣味的人,一个有益于人民的人"。只有以高尚的道德情操作为推理的稳定性内隐前提,才可以推出快乐而绚丽的人生结论。

　　说到这里,读者或许会问:我们花这么多的篇幅讨论"修炼",是不是远离了"推理"主题?那当然不是。因为我们所说的日常推理是在实践中的推理,而实践中的推理是讲究"知行合一"的。特别是悟的推理,更多地依赖于健康而稳定的内隐前提,我们强调推理者修炼自己的品格、意志、思维、情操等心理素质,就是为了提高结论的必然性,做到真正意义上的"擅长推理"。否则"纸上谈兵",永远成不了"擅长推理"的人。

第二节　　顿　　悟

一、寻找神秘前提 X

　　如果你在生活或工作中,突然解决了某个难题,就会产生一种欢愉和快乐的心理感受。这种欢愉和快乐来自美妙而神秘的灵感。

　　顿悟就是一种灵感,一种刹那间的领悟,是特殊的悟的推理。也可以反过来说,灵感是一种顿悟思维。华人科学家、诺贝尔奖获得者杨振宁博士在一次演讲中说:"所谓灵感,是一种顿悟,在顿悟的一刹那,能够将两个或两个以上以前从不相关的观念串联在一起,借以解决一个搜索枯肠仍未解决的难题,或缔造一个科学上的新发现。"也就是说,顿悟推理就是在刹那间寻找到似乎不相干的两个事物之间的关联。

顿悟的推理既可以发生在科学研究或者文艺创作的过程之中，也可以发生在日常生活里面。顿悟的发生，往往刻意去求而求之不得，无心索取而信手拈来，亦即所谓"有意栽花花不发，无心插柳柳成荫"。

先看几个顿悟的例子。

例1：爱因斯坦研究相对论

沃尔夫在《爱因斯坦传》中写道：

一天晚上，他（爱因斯坦）躺在床上，对于那个折磨他的谜，心里充满了毫无希望的感觉。但是突然黑暗里透出了亮光，答案出现了。他马上起来工作。五个星期以后，论文写成了。他说："这几个星期里，我在自己身上观察到各种精神失常现象。我好像疯狂了一样。"

例2：列夫·托尔斯泰写作《安娜·卡列尼娜》

1873年春天的一个夜晚，托尔斯泰在书房里踱步，苦苦地思索着长篇小说《安娜·卡列尼娜》的开头。这部小说的内容和情节，他在一年前就想好了，但是苦于找不到一个满意的开头，现在仍然苦思无绪。他偶然走进大儿子谢尔盖的房间。谢尔盖正在给老姑母读普希金的一本小说，托尔斯泰随意地翻到一章的第一句："在节日的前夕，客人们开始来了。"他兴奋地喊起来："真好！就应当这样开头。"托尔斯泰回到书房，坐下来写道："奥布朗斯基家里一切都乱了套。"小说第一句就这样地写下来了。（在小说成书的时候，前面加了一句："幸福的家庭每每相似，不幸的家庭各有各的苦情。"）

例3：赫威发明缝纫机

19世纪，美国人赫威想发明缝纫机，但多次试验均未成功。一天夜里,他梦见国王命令他 24 小时之内必须设计出缝纫机,否则用长矛处死他。他看见矛尖有小洞的长矛慢慢地升起又慢慢地降下,一阵激动使赫威醒来,他当即设计出了针眼靠近针头的缝纫机。

例 4:生活中的"恍然大悟"

德国人把窗帘做得很短,只遮住玻璃窗的一半,使得做客德国的中国人迷惑不解。

"为什么把窗帘做成这种'半吊子'模样?"

"这样可以更好地欣赏窗台上的花呀!"

"拉上窗帘,你不是照样欣赏窗台上的花?"

"那就只有自己欣赏喽!"

女主人的回答是不经意的,却使发问的中国人恍然大悟:原来德国人窗台上的花不仅是给自己看的,还是给大家看的。于是他进一步推出:不正是有了这种美丽的境界,才有了今天童话般的欧洲吗?

以上都是顿悟的例子。例 1 为科学发现,例 2 为文艺创作,例 3 为科学发明,例 4 为日常生活。顿悟推理除人们常说的"恍然大悟"以外,还有"茅塞顿开""豁然开朗""猛然省悟""柳暗花明""灵机一动,计上心来"等。它们都是推理者在刹那间把一些不相关联的东西串联在一起,完成了一个新的发现:观念或事实的发现。

顿悟有大顿悟,也有小顿悟。关涉人生和事业的顿悟是大顿悟,并非关涉人生或事业的顿悟为不大的顿悟或小顿悟。

顿悟作为一种悟的推理,其过程是不清晰的。

悟的推理的前提一般都是一个集合,其中包含若干个内隐前提。

而顿悟推理所不同的是,前提集合中还有一个必不可少的未知前提X。这个前提集合应是:

$$A = \{A_1, A_2, \cdots, A_n, X\}$$

人们在推理过程中遭遇一个知其存在但是一片茫然的神秘前提X,百思而不得其解。说得具体一些,这个X不只是不清晰,而且压根儿就不知道它是什么。正如贾岛《寻隐者不遇》诗云:"只在此山中,云深不知处。"推理者为解开这个X之谜而寻寻觅觅,甚至寝食难安。所谓"万事俱备,只欠东风",一旦东风吹来,找到了这个神秘前提X,突然推出了结论。这就是顿悟。一旦顿悟,推理者便会觉得两腋生风,飘飘然像神仙一样欢愉和快乐。

推理者的顿悟就在于找到了这个"未知"前提X,并把X转化为"已知"前提n+1。于是推理者就有了这样一个推理公式:

$$A_1, A_1, \cdots, A_n, A_{n+1}, \text{所以 } B$$

这就是推理者顿悟时的推理模式。

比如例3,缝纫机发明者赫威梦见矛尖有小洞的长矛慢慢地升起又慢慢地降下,在这个时候,他已经找到了那个X,把它转化为n+1,就是针眼靠近针尖。赫威于是完成了缝纫机的设计,亦即推出了结论B。由于以往的针眼都是靠近针屁股的,而赫威"针眼靠近针尖"的设计就是对常规思维的突破,也是顿悟思维的创造性所在。

再如例2,托尔斯泰苦思《安娜·卡列尼娜》的开头时,偶然地发现普希金小说中"在节日的前夕,客人们开始来了"这句话,他就找到

了那个 X。他说:"真好! 就应当这样开头。"于是把它转化为 n+1:
"奥布朗斯基家里一切都乱了套。"

当然,我们并不能解释所有顿悟中的 X 和 n+1。比如爱因斯坦关于相对论的顿悟,因为顿悟者没有为我们提供更为具体的信息或相关资料。

在人们认知的过程中,如果说"悟"的推理有点儿神秘,那么顿悟更是神秘中的神秘;如果说日常推理是个谜,那么顿悟就是"谜中之谜"。

顿悟至少有这样几个特征:

(一) 突然性

顿悟的发生只是刹那间的事情,犹如电光石火。这刹那间发生的事情,就是找到了那个 X,并把它转化为已知前提 n+1。钱学森说:"灵感出现于大脑高度激发状态,高潮为时很短暂,瞬息即过。"数学家高斯求证数年来未能解答的难题,突然获得了解答。他在回忆中说:"就像闪电,谜一样解开了。我自己也说不清是什么导线,把我原先的知识和使我成功的东西连接了起来。"普希金曾经在抒情诗《秋》中,生动地描写了他的灵感:"诗兴油然而生,/抒情的波涛冲击着我的心灵;/心灵颤动着,呼唤着,如在梦里寻觅,/终于倾吐了,自由飞奔……"

(二) 随机性

顿悟的发生往往是非常偶然的:你千呼万唤,它偏不光临;而你没有想它,它又会不请自来。这个"它"就是那个神秘的前提 X。哲学家费尔巴哈说:"灵感是不为时间所左右的,是不由钟点所调节的,是不会按照日子和钟点迸发出来的。"达尔文回忆说:"我能记得路上的那个地方,当时我坐在马车里,突然想到了一个问题的答案,高兴极了。"奥斯本说:"我在理发时,习惯对理发师说:'如果没有什么妨碍的话,我想思考一会。'这时,我并没有真正去思考,而是让我的思想漫无边际地飘荡。当理发师从我脸上揭开热毛巾时,某种东西可能已经不可思议地渗入我的大脑,成为我寻找的设想。"更为奇特的是,前面说到的赫威,竟然在梦里发明了缝纫机。其实,梦里顿悟何止赫威,就连笔者都曾经历过。亲爱的读者们,你们有过这样的经历吗?

(三)创造性

作为灵感,顿悟是一种瞬间的创造活动。顿悟属于创新思维,但创新思维并不都是顿悟,因为创新也可以慢条斯理、从容不迫地进行。顿悟的创造性就在于打破思维常规,瞬间开辟一个认知的新境界,而这新境界的开辟,就是缘于推理者找到了那个 X 前提,并且把它转化为 n+1。

顿悟的创造性基于实践,始于问题。人们常说:"真理往往在一百个问号之后。"顿悟是人们在实践的过程中,常规推理遭遇障碍,也就是说,出现了问题,于是引导人们去探索、去创造,从而实现认知上的飞跃。

顿悟的创造性来自推理者的主动性。弗洛伊德说:"灵感不来找我,我就会走过去迎它。"正是这种主动精神,才能够突破常规思维,找到那个神秘的推理前提。

顿悟不是别的,就是找到前提 X 那个瞬间的思维活动。

二、他因和自因

顿悟的触发总是有某种原因,或者他因,或者自因。

(一)他因顿悟

他因顿悟是指人们在思维过程中遭遇推理障碍,却由于局外事物的偶然出现,意外地使得平时不相关联的东西被串联在一起,于是找到了那个神秘前提 X,实现了顿悟。

例 1:

美术设计师迪斯尼夫妇住在一间老鼠横行的公寓里,过着贫困的生活,但还是因为交不出房租,不得不搬出公寓。迪斯尼夫妇呆坐在公园的长椅上,一只小老鼠从他们的行李包里钻了出来,跑来跑去。迪斯尼看着小老鼠机灵滑稽的面孔,感到非常有趣,心情顿时好了起来。他突然闪出一个念头,对妻子大声说道:"好了! 我想到好主意了。世界上像我们这样穷途潦倒的人不少,我要把小老鼠可爱的面孔画成漫画,让千千万万的人从小老鼠的形象中得到安慰和愉快。"于是,那个人见人爱的"米老鼠"形象被创作出来了。

迪斯尼的顿悟是由一只小老鼠触发的。他说："好了！我想到好主意了。"就在这个时候，他找到了那个 X 前提，但这纯属偶然的他因。迪斯尼后来说："米老鼠带给我的最大礼物，并非金钱和名誉，而是启示我，陷入穷途末路时的构想是多么伟大！"我们不妨理解为：陷入穷途末路时的一次顿悟是多么伟大！它是如此辉煌地改写了迪斯尼的人生。

例 2：

人们大都知道，清代书画家郑板桥画竹的造诣很深，他的字也自成一体，称为"板桥体"。可是有谁知道郑板桥练字还有这样一个故事：

郑板桥为了练书法，他苦苦临摹大书法家们的作品，甚至晚上睡觉还用手在被子上画字。有一次，他无意间画到了妻子的身体上，妻子抱怨说："人各有一体，你有你体，干吗画到我的身上？"郑板桥猛然醒悟："我为什么一味地模仿前人，不能有所创造？"由此练就了他的"板桥体"。

郑板桥的顿悟，竟然缘于妻子的一句话："人各有一体，你有你体。"他从"人体"联想到"字体"，找到了前提 X，并把它理解为应当有自己独特的风格。这也是他因。

（二）自因顿悟

自因顿悟是指在思维过程中，虽然遭遇到推理障碍，但是推理者却应用自身的智慧，突破了常规思维的束缚，找到了那个前提 X，实现认知的飞跃。

例1：

数学家哈密尔顿回忆发现四元数的经过时说，就是在1843年10月16日，他和妻子步行去都柏林的途中，来到布劳汉桥的时候，他发现了四元数。哈密尔顿说："此时此地，我感到思想的电路接通了，而从中落下的火花就是 I、J、K 之间的基本方程；恰恰就是我以后使用它们的那个样子。我当时拿出笔记本，把它们记录下来。要是没有这一时刻，我感到还得花上至少十年（也许十五年）的劳动。"

哈密尔顿的顿悟，不是由于局外事物的"诱发"，与那个时间、地点也没有因果关系，而是他中断了的思维过程突然接了上来，找到了 X 前提，所以他说，"此时此地，我感到思想的电路接通了"。从这个意义上说，哈密尔顿的顿悟应当属于自因顿悟。

例2：

20世纪初年，小贩欧内斯特·汉威在圣路易斯世界博览会上卖查拉比饼——一种很薄的奶蛋饼。与他相邻的是一个用小盘子卖冰激凌的小贩。这一天，他们俩的生意都特别好，不一会儿卖冰激凌的就把盘子用完了，可是顾客还排着长队，这可把那个小贩急坏了。汉威也替他着急，一急之下，竟然想出了一个办法：他把查拉比饼趁热时卷成圆锥形，等它凉了，便用它代替盘子盛冰激凌。没想到这玩意儿却意外地受到欢迎，被誉为世博会上"丰饶的羊角"。这就是"蛋卷冰激凌"的由来。

欧内斯特·汉威的"急中生智"，自然属于自因顿悟。所谓"急中生智"就是突然找到了那个前提 X,并把它转化为 n+1:用卷成圆锥形的查拉比饼盛放冰激凌。用以解决盛放冰激凌的盘子不足的问题,应是这个推理的结论。

哲学书上说,事物的变化,外因是条件,内因是根据,外因通过内因而起作用。无论是外因顿悟或者自因顿悟,首先都是由于推理者本身具有认知飞跃的可能性,如果换成另一个人,这种飞跃就未必能够实现。然而,外因对于顿悟来说,也非常重要,有时甚至是决定性的条件。比如,从行李包里跑出来的那只可爱的小老鼠,对于迪斯尼此时此刻构想"米老鼠"的漫画形象是有决定意义的;郑板桥妻子的一句话,对于他的认知飞跃,至少构成了直接原因。

作为悟的推理,他因顿悟大多应用了联想的类比推理。比如迪斯尼的推理,就是根据眼前的小老鼠与他"米老鼠"漫画形象的相似性进行构思的。至于郑板桥,虽有联想但似乎不是类比推理,而是"如果":如果突破前人书法作品的束缚,就可能自成一体,从前件可以推出后件。

无论自因顿悟,还是他因顿悟的内因根据,都同直觉思维或潜意识有关。顿悟思维在创造的过程中,通常会出现一种内在潜力的不知不觉的动员,比如想象、记忆以及直觉领悟等,这样就有了顿悟的契机,因而有可能突然找到 X 前提,实现认知的飞跃。所以,顿悟的发生只是一刹那,但它不是"无源之水,无本之木",而是必然中的偶然,同样可以理解、可以分析,虽然难以弄清楚其中的每一个步骤。

三、顿悟与渐修

神秘的顿悟似乎是突然从天而降，来无影去无踪。其实不然，顿悟也有自己的山前山后、来龙去脉。

顿悟是在渐修基础上实现的。顿悟的一刹那是突然的，但是在此之前，推理者早有许多思考，有一个渐修的过程。所谓"渐修"，就是平时修炼内隐前提，以便需要时作出成功的推理。

例如：

爱因斯坦回忆他写作相对论的时候，对好友贝索说过，在这之前，他已经进行了好几年的思考和研究，然而那个决定一切的观念——X前提，却是突然在脑子里闪现的。也就是说，他的相对论的发现是渐修在前，顿悟在后，亦即顿悟之前早有了好几年的渐修过程。

事情就是这样。哈密尔顿于1843年10月16日在布劳汉桥上发现四元数虽属偶然，但他毕竟是卓越的数学家，此时此地只是"思想的电路接通了，而从中落下的火花就是I、J、K之间的基本方程"。迪斯尼是美术设计师，有着穷途潦倒的深切体会。托尔斯泰是大文豪，对于《安娜·卡列尼娜》的构思已有一年多时间。郑板桥是大画家，精心练习书法也有许多时日。就是日常生活的"急中生智"，比如小贩欧内斯特·汉威发明蛋卷冰激凌，也是在特定的情境中应用自己长期积累起来的聪明智慧创造出来的，否则再"急"也无济于事。

顿悟的前后过程大体是：渐修—顿悟—渐修。

这个程式表明,在渐修的基础上实现顿悟,顿悟之后,还需要渐修以巩固和发展顿悟所取得的成果。打个比方说,"十月怀胎"好比渐修;"一朝分娩"像是顿悟;孩子生下来之后,需要发育长大,这就好像顿悟后的渐修。

顿悟程式"渐修—顿悟—渐修"可以分解为两个阶段:第一阶段是"渐修—顿悟";第二阶段是"顿悟—渐修"。

中国的禅宗有句名言:"放下屠刀,立地成佛。"似乎顿悟之前不需要一个渐修过程,其实不是这样。按照佛家的说法,这些人早在"立地成佛"之前已经有了"慧根",否则是成不了佛的。禅宗还有这样的话:"树上哪有天生的木杓。"意思也是说,没有渐修的顿悟是不存在的。

这里有一个西方人"立地成佛"的例子:

古罗马的圣奥古斯丁年轻时生活放荡。一天,他在街上听一位教师讲演,忽然省悟,立志苦修,竟成为中古时代基督教会伟大的思想家、受人崇敬的宗教领袖。

圣奥古斯丁的经历,似乎顿悟之前并无渐修。实际上,奥古斯丁早有种种烦闷("基于实践,始于问题"),逐渐在变化,顿悟只是突然发生质变,下定决心罢了。也就是说,他在顿悟之前同样存在过渐修的过程。

至于奥古斯丁后来成为伟大的思想家和宗教领袖,那是顿悟后的渐修,"立志苦修"的结果,属于第二阶段:"顿悟—渐修"。如果没有顿悟后长期修炼,或许他只是一个普通的"悟道者",而不可能成为

"圣"奥古斯丁,古代基督教的"圣人"。

奥古斯丁的经历,典型地说明了顿悟前后的完整过程:渐修—顿悟—渐修。

在顿悟程式"渐修—顿悟—渐修"中,"渐修—顿悟"阶段固然重要,因为没有渐修便没有顿悟,但是"顿悟—渐修"阶段也同样不容忽视,因为没有顿悟后的渐修,往往"功亏一篑"。许多腐化堕落的成功人士,或者晚节不保者,其中不乏顿悟后忘记渐修的人。

第三节　禅　　悟

一、自悟

唐代以来,中国佛教有"各宗归禅"之说,禅宗在佛家乃至知识界都占有特殊的地位。禅宗以"禅"命"宗",主张运用般若智慧,"识心见性,顿悟成佛"。这就是"禅悟"。

禅悟是佛家的顿悟。禅悟不同于一般顿悟的地方在于:禅悟是为了成佛。禅悟的目的是要证得"世界即我即佛"的最高境界,而我们凡人的顿悟不会有这样一层意思。这就是说,禅悟既然是顿悟,它也是在寻找未知前提 X,但这个 X 与我们"凡人"的不同,它是禅学的真理,"世界即我即佛"的真谛。

禅悟因为可以"顿悟成佛",因而比一般顿悟更加神秘。日本佛学大师铃木大拙在《禅与生活》一书中说:"禅是突现的闪光,它指向至今未曾梦想到的真理的崭新的意识。""我们必须承认,禅里面有某种无法解释的东西,无论怎样灵敏的禅师,也不能用理智的分析方法使他的弟子了解它。"这就是说,禅在顿悟过程中所遭遇的前提 X 是不可解的。他认为禅悟是一种直觉的认知方式,奇妙而不合逻辑。

禅一向有"不可说"之说。大多数禅学家认为,禅排斥语言文字和思维的作用,"禅对未开悟的人来说,是无论怎样说明、怎样论证也无法传达的经验"。禅不可说,说出来就不是禅了。

例如:

有人问禅师:"请问什么是禅学的大义?"

禅师答道:"我很想告诉你,但我现在要去撒尿。想想看,连这样的小事也要我亲自去才行啊! 请问你能不能代替我去?"

这位禅师的话很有意思:表面上是说撒尿的事得自己亲自去干,任何人也代替不了,这当然是废话! 而实际上,这是个"言外意"的推理。禅师的言外之意是说:你问我什么是禅学的大义? 这个问题我不能告诉你,你得自己去"想想看"。如果我告诉你了,那就不是"禅学大义"了。学禅需要"自悟",而不是"他悟",问我是没有用的。

学禅需要"自悟",这不难理解。因为每个学禅者心头的那个"佛"并不是一样的,外因必须通过内因才能起作用,所以只能自己去寻找、去体悟。况且,"佛"本身就是神秘而又神秘的,又有谁能够说得清楚呢? 即使你说了很多,那就是学禅者心头的那个"佛"吗? 禅悟是否"不可说"姑且不论,仅就悟"佛"来说,那个 X 前提就比凡人多一层神秘,多一个谜团。

由于禅悟是以心传心,顿悟成佛,自悟而非他悟,所以禅宗有一条"不说破"原则,意思是说,禅悟不能说破,说破了就是他悟而非自悟。

例如:

香严智闲禅师本来是百丈禅师的弟子,他机敏聪慧,博通经典,但始终未悟禅道。百丈死后,他便追随百丈的大弟子沩山。沩山说:"听说你在先师那里,能够问一答十,问十答百,这的确是你聪明过人之处。但是生死事大,请问你在父母未生你之前的根本是什么?"

智闲茫然不知所对,他翻遍经书,也没有找到答案。此后,他一次次请求沩山给他点拨一下,都遭到拒绝。沩山说:"我要是给你说白了,以后你免不了会骂我。再说我说出来的是我自己的,跟你没有什么相干。"

智闲心灰意冷,回到僧寮,把自己习学的佛学经典烧了个干净,发誓说:"我这辈子不再学佛法了,姑且做个粥饭僧人,免得劳心费神。"他下山去了。

一天,智闲正在垦荒除草,偶然抛一块瓦片,击中旁边的竹子,发出了清脆的一声响。香严一惊之下,以空灵之心直探自性,豁然开悟。

智闲终于找到了那个 X 前提,兴冲冲地回到茅庐,洗手焚香,遥向沩山行礼致谢说:"和尚大慈悲,恩逾父母。当时若为我说破,哪里会有今日开悟之事?"

为什么说破了要挨骂,不说破反而是"大慈悲"?原因就是说破了属于他悟,不说破才能自悟。

"不说破"确有它的道理,因为外因只是条件,而内因才是根据,禅悟不能通过他人"言语"使自己开悟,只能通过内因实现自悟。也就是沩山所说的:"我要是给你说白了,以后你免不了会骂我。再说我说出来的是我自己的,跟你没有什么相干。"禅即使能够"他悟",但最终还是要通过内因实现"自悟"。

禅悟必须由内因"自悟",但并不排斥作为实指前提或语言前提的外因。香严击竹发出清脆的声音,就是外因。当然,这外因是通过香严的内因而起作用的,所以别人击竹却不能引起顿悟。

禅悟就是"悟禅",亦即"顿悟成佛"。前面说到禅有"不可说"之说,那么,禅到底是可说还是不可说呢?

我们的看法是:禅可以说,也不可以说。

先说禅可以说。

禅作为一种信仰或观念,它所传达的也是一些思想感情,思想可以表达,感情也可以部分地表达,所以禅可以说,虽然未必能够说得清楚。禅悟的"不说破"不等于"说不破"。沩山说"我说出来的是我自己的",那就是说,沩山还是可以说出来的,只是他不愿意说而已。

智闲顿悟后曾经作过一偈,抒发自己悟禅的体会。偈语一共八句,首句云:"一击忘所知",意思是清除了知识的障碍,直探自身佛性。这就是说,智闲还是说了,虽然并不清晰。

据禅宗的史料说,法山的徒弟仰山(他与师父沩山创立了沩仰宗)还去考察过智闲是不是真的"悟"了。仰山见到智闲,要他讲讲悟的感受。智闲随口吟了一偈云:"去年贫,未是贫;今年贫,始是贫。

去年贫，犹有卓锥之地；今年贫，锥也无。"意思是说，佛性究其极乃归于空。仰山说他对如来禅已经悟透了，要他再说说对祖师（达摩）禅的领悟。香严又吟了一偈云："我有一机，瞬目视伊，若人不会，别唤沙弥。"意思是说，心灵（机）专注于自性（伊）。仰山归告沩山，说香严对禅确有深切的体悟。

智闲第一偈说的是渐修，第二偈说的是顿悟（瞬目视伊），两偈合起来，就是一个"渐修—顿悟"的过程。

智闲对禅说了不少，实际上说禅者岂止智闲！多少年来，人们一直在说禅。如果禅不可说，那么那些人说了些什么呢？如今出版了那么多说禅的书，比如《胡适说禅》、张中行的《禅外说禅》等，不都是在"说禅"吗？最反对说禅的铃木大拙，他就写了《禅与生活》等书，不也是在"说禅"吗？在本书的这一节里，我们也将对一些禅悟作出解释，尝试地说说"不可说"的禅，讨论禅师们的言语行为所传达的"言外之意"。

再说禅不可说。

中国古代的《周易》就有"言不尽意"之说。道家说，"道可道，非常道""道不可言"。梅尧臣说："含不尽之意，见于言外，然后为至矣。"苏东坡说："言有尽而意无穷者，天下之至言也。"这些至理名言，以及人们常说的"意在言外""话外有音""只可意会，不能言传"等，意思都是说，人们有些思想感情是不可表达的。人类的语言本来就不能尽意，更何况那玄而又玄的禅呢？禅"不可说"，是说其中某些东西不可说，或者是想说也不容易说得清楚。

禅和诗颇相类似，我们不妨拿禅和诗作些类比，以增加读者对于禅的理解。我们知道,好诗都有点超乎现实的心理距离,而禅则给人以神秘莫测的感觉;写诗需要灵感,学禅需要顿悟;无论诗境和禅境都有一种淡泊高远、曼妙圆融的情趣。如果说诗是"言有尽而意无穷",那么说"禅不可说"也就不足为怪了。

"言外意"推理本来就是多结论的,何况是禅(比诗更为玄妙)?要想推出准确而且唯一的结论,应当说是不大可能的。我们对智闲偈语的一些解释,固然难免主观臆测,甚至不着边际,但是智闲自己也许压根儿就说不清楚。铃木大拙认为,禅悟是一种直觉的认知方式,奇妙而不合逻辑,并非没有一点儿道理,因为"禅悟"不是一般逻辑所能够解释得了的。

如果读者一定要问:真的存在这种不可说的"禅"或者"禅悟"吗?其实"禅"是一种信仰,"禅悟"是学禅者经过长期修炼的内隐推理。在学禅者那里,"禅"的真义,亦即"禅悟",永远都是他们追寻的目标。

顺便说一说,在禅学思想里,"真的存在"是"不存在"的。佛家认为,众生世界的那些事物,无非是名言概念的产物,只有假象而实无所有。在佛家看来,空就是有,有就是空,"空"是真空,"有"为假有,犹如镜花水月,虽"有"实空。这就是说,"真的存在这种不可说的,'禅'或者'禅悟'吗?"这个问法就不妥当。

二、导悟

由于禅悟只能是个人行为,别人不能说破,所以禅悟只能自悟,不存在像学校教学那样的他悟,也不存在教师"传道、授业、解惑"那样的悟他。但是,为了使学禅者开悟,禅师们可以应用一些引导或暗示的方法,为学禅者指向一个目标,让他们自己去寻找那个前提 X。这样的方法,就是导悟。

由于禅师的导悟与学禅者的问禅"风马牛不相及",没有直接关系,所以不算是悟他。对于学禅者来说,也不能说是他悟,如果学禅者开悟了,那仍然算是自悟。

然而禅师们的导悟毕竟传达了某种"言外之意"(虽然表面上"风马牛不相及")。这种"言外意"可以看成学禅者推出的内隐结论,但也可能就是学禅者所要寻找的 X 前提。因为在推理中前提和结论只具有相对的意义:相对于某个前提(比如某禅师的机语),它是结论;如果以它为前提进一步推理(比如说"顿悟成佛"),它就是前提了。禅师的导悟甚至比哑谜还要隐晦,其中前提和结论的关系应当是极其复杂的。

禅师们用来导悟的方法很多,大体上可以分为两类:一类是激发禅悟的特殊语言,即机语导悟;另一类是一些行为动作,为非语言的导悟。它们的内容都能成为学禅者的语言或实指的外显前提,帮助学禅者找到那个神秘的 X,实现顿悟成佛。

(一)机语导悟

为了激发学禅者自悟,禅师们常常说一些答非所问乃至莫名其妙的话语,让学禅者自己去"悟"出言外之意,寻找那个 X。这些迅捷锋利而又含蓄微妙的话语,称为机锋,也叫机语。

例1:

南岳怀让初见六祖慧能,慧能便问怀让:

"什么地方来的?"

"从嵩山来。"怀让回答。

"是什么物凭着什么来?"慧能又问。

这后一句问话便是机语,怀让不能答。

为了这一句问话,怀让整整悟了八年。八年后,怀让对慧能说:

"我有一个会处。"("会处"大意是明白了些什么。)

"是什么?"慧能问。

"说似一物即不中。"

怀让的意思是说,人人本来具有的佛性,不是任何可以描述的有形的东西。佛法大道不可说,所以什么也不要说。

慧能当年的"言外之意",也许就是怀让用了八年时间所要寻找的 X,转化为 n+1,就是那么个"说似一物即不中"的境界。怀让说出了这种"境界",但是又似乎什么也没有说。

例2:

有僧人问赵州从谂:"什么是祖师西来意?"

"庭前柏树子。"赵州回答说。

"祖师"即印度僧人达摩,他从印度来中国创立了禅宗。"祖师西来意"与"庭前柏树子"表面上毫不相干,而在实际上,赵州的回答可以理解为:"世界即佛即我。"佛法万象无一不是佛法,柏树子即是佛法中的一物。佛法竟然如此玄妙！"说似一物即不中"，但是"任一物中皆有佛法"。这大概就是赵州的"言外意"，那个 n+1 吧。

一个南方来的僧人问赵州：

"什么是佛？"

"殿里的。"赵州回答。

"殿里的佛像不是泥塑的吗？"

"是。"

"那真正的佛呢？"

"殿里的。"赵州重复了一句。

来僧以为赵州不愿告诉自己，便说：

"学人方入禅门，请禅师指点迷津。"

"吃过粥了吗？"赵州看了看僧人。

"吃过了。"

"洗钵盂去！"

僧人忽然有悟。僧人吃了粥去洗钵盂，这是很平常的事情，可是一提到佛法，常常就糊涂起来，以为佛法是什么天外之物。其实，以平常心处理平常事，其中就有佛法。泥塑的佛像中也有佛性。这就叫作"平常心是道"。

例 3：

李翱居士是唐代著名诗人，时任朗州刺史。有一次，他问药山惟严禅师："什么是道？"

药山以手指上指下，李翱不解。

"云在青天水在瓶。"药山说。

李翱一听,豁然大悟。原来道的境界就是那么自然和谐,高的自高,低的自低,无心而天成。人生不必计较云水变化,是云就尽情地逍遥;是水就安逸自在;作为大吏,就应当为百姓做好事。

机语的明显特征是答非所问、语义不明甚至不可理喻,因而破除了一切假设,截断了正常思路,逼迫学禅者去寻求言外之意,顿悟成佛。

（二）行为导悟

为了使学禅者开悟,禅师们也使用一些非语言手段,即以行为动作或物件示人,激发学禅者自悟。这就是"行为导悟"。

如果说机语导悟为学禅者提供的是外显的语言前提,那么行为导悟提供的就是外显的实指前提。如果说机语导悟所传达的是"言外之意",那么行为导悟连"言"也没有,不妨看作某种特殊的"言外之意"吧。

例如：

马祖道一问徒弟百丈怀海："你以什么方法开示人？"

百丈举起手中的拂尘。

"就这个吗？"马祖问。

百丈又把拂尘扔掉,算是回答。

马祖问百丈用什么方法激发学禅者自悟,百丈用举拂、抛拂的行为动作来回答老师的提问。举起拂尘是"有所为",表示有为法,意思是说,总要教些什么;抛下拂尘,这是无为法。有教是一法,不教也是一法。有为或者无为,拂尘还是拂尘,它是超越"有无"的。

以动作、物件使学禅者开悟,是马祖一派最常用的方法,而拂尘又是最常用的导悟工具。除使用拂尘以外,导悟的方法还有棒打、举拳、竖指、大笑、大喝等。这些举动并不意味着它们本身具有什么意思,而是截断你的思路,要你往佛法上想,以求顿悟。

例如:

有个僧人问马祖:"如何是达摩祖师西来之意?"

马祖举杖就打,边打边说:"我若是不打你,大家会笑话我的。"

这就是以棒打的截断方法回答问题。马祖的当头一棒,意思是说,这个问题不可问、不可答、不该问、不能答。打你是为了帮你,否则会让人笑话。

禅宗的行为导悟方法中,以"德山棒"和"临济喝"最有名。"当头棒喝"这个成语就来源于此。

德山宣鉴禅师有一次开法示众说:"说得三十棒,说不得也三十棒。"临济义玄听到后,便派侍者去破德山这一招。侍者去向德山问道,德山果然举棒便打,侍者接住棒送了一送,德山便不再说什么,回方丈去了。

侍者回来跟临济说了以后,临济问:"你认识德山吗?"侍者刚要说些什么,临济举杖便打,打得侍者莫名其妙。

德山既不让说,也不让不说,是超越有无、超越是非的中道法。临济让侍者接棒一送,就连棒打也否定了,所以既是中道,又超越了中道。侍者虽然破了德山棒法,但是并未懂得禅理,所以又挨了一棒。

临济义玄禅师更是以"喝"出名。临济对僧人说:"有时一喝如金刚宝剑,有时一喝如踞地狮子,有时一喝如探竿影草,有时一喝不作一喝用。"说完后他问僧人:"会吗?"僧人刚要开口说些什么,临济大喝一声。临济为什么大喝? 因为那僧人想说些什么。须知,这是说不得的!

禅师们导悟,或者用特殊的语言——机语,或者用非语言的行为动作,有时候也把二者结合起来使用。比如前面说到的药山禅师开导李翱时,药山先是以手指上指下,用的是动作导悟。后来说了一句"云在青天水在瓶",用的是机语导悟。二者合用,使得李翱豁然开悟。

禅师们这些导悟方法充满禅机学理,无论是机锋或者行为,它们都为学禅者提供了推理的外显前提——言语前提或者实指前提,因而能够启发人们的智慧。但是后来,这些方法却被一些无聊的人滥用,则不能成为禅悟推理的前提。

例如:

一个穷书生走进禅寺,老和尚不理他。不多久知府到了,和尚恭敬迎接,殷勤招待。知府走后,书生问:"佛法一切平等,你为什么不理我而那样地招待他?"老和尚说:"我们禅门招待就是不招待,不招待便是招待。"书生听了,给了他一个耳光,老和尚问他为什么打人,书生说:"打便是不打,不打便是打。"

老和尚的话似是禅机,其实不是禅机,其中并没有什么禅理,胡适称之为"末流模仿"。

三、超越

据说学禅者顿悟之后,便会产生一种"解脱"的超越感,"一花一世界,一叶一菩提",妙不可言。林清玄说,他所知道的每一位禅师"都是活得活活泼泼、高高兴兴、真真实实、轰轰烈烈的",这种禅心"对古今中外的人心都能带来绝对的利益"。

作为宗教信仰,学禅者顿悟成佛,也就是脱尘出世,体验"万古长空,一朝风月"的最高境界,领悟人生和大自然的和谐真谛。然而禅家的解脱,不是逃避人生、逃避世界,而是在红尘中看破红尘,在名利中不逐名利,在生死中勘破生死。林清玄说:"禅对中国人有一种特别亲和的力量,它在某个层次上是超越了宗教的。"

从这个意义上说,禅悟是出世之法,同时也是入世之法。我们在这里讨论禅悟,当然不是要大家"顿悟成佛",而是要学习禅的自悟精神,修炼推理的内隐前提,从而在快乐中享受人生,同时又能获得事业的成功。正如朱光潜先生所说:"以出世精神做入世事业。"这也就是我们讨论禅悟的用意所在。

那么,我们从禅师们那里,能够学到一些什么呢?

笔者以为,这就是:把禅悟作为生活态度来处理世间事,超越自我,以大智破众迷,"以出世精神做入世事业"。

（一）换角度思考

一位老婆婆,她有两个女儿,一个嫁给卖鞋的,一个嫁给卖伞的。每逢下雨天,老婆婆想到大女儿卖鞋生意不好,她就哭;每逢天晴,老婆婆又想到二女儿卖伞生意不好,她也哭,于是人们叫她"哭婆"。有一次,一位禅师告诉她:"你应当在晴天想到大女儿鞋店生意会很好,雨天想到二女儿的伞一定卖得好啊!"老婆婆一想,"对呀!"就这么想了。于是,老婆婆每天总是笑嘻嘻地,人们又都说她是"笑婆"了。

日常思维中的"换位法"也是一种换角度思考,只是把自己的角度换成对方的角度,不妨叫作"换角色"思考吧。比如当你暴怒的时候,设想对方会有什么样的理由,或许你就会平静下来。无论是哪一种换角度思考,你都有可能发现头顶上的一片蓝天。

换角度思考,实际上就是改变自己的情境假设,换一个"如果"推理。那位老婆婆的角色没有变,只是换了"如果":如果天晴,大女儿卖鞋的生意一定很好;如果下雨,二女儿卖伞的生意一定很好。当你暴怒的时候,你假设自己就是对方,于是就会有完全不同的推理。因为"如果"的前件蕴涵后件,改变了前件,也就改变了推理的结论。

（二）放得下

一位禅师带着徒弟赶路,来到一条小河边,河水不深,可以蹚过去。这时候,禅师发现河边一个女子在哭,于是上前问明情况:原来这女子不敢蹚水,无法渡河。禅师就把女子抱起来渡过河去,然后继续赶路。

跟在师父后边的小和尚心里一直在想：和尚应该不近女色，师父怎么能抱着一个女人呢？他越想越想不通，终于忍不住问师父："您怎么能这样呢？"师父说："我，你说那个女人吗？我早就把她放下了，你还抱着吗？"

显然，这位禅师超越了自己，超越了男女的区分，他心里只想着帮助需要他帮助的人。而小和尚还未开悟，未能超越男女之别，所以还"抱"着女人。

《红楼梦》的《好了歌》云："世人都晓神仙好，只有功名忘不了""只有金银忘不了""只有娇妻忘不了""只有儿孙忘不了"。"忘不了"就是"放不下"，"放不下"就得背负沉重的枷锁，艰难地行进。

"放得下"推理是一种超越"小我"以达"大我"和"无我"的推理。小和尚从"小我"出发，总是"抱"着女人不放，老和尚超越了"小我"，心里只想着帮助需要他帮助的人，这是"大我"，所以早把女人"放下"了。一个人如果超越了"小我"，什么功名利禄、恩怨情仇，都会淡薄起来，能够拿得起，也能放得下。

本质地说，"放得下"推理也是一种改换情境假设的"如果"推理：如果我不是官员，如果我还是当年的我，如果我一无所有……那么推导出来的就会是另一个结论。

（三）宽容

寒山和拾得都是著名的诗僧。寒山曾问拾得："世间谤我、欺我、辱我、笑我、轻我、贱我、厌我、骗我,如何处置?"

拾得回答说:"只是忍他、让他、由他、避他、耐他、敬他、不要理他,再待几年,你且看他。"

寒山又曾问过拾得:"有什么办法可以躲过世间的烦恼?"

拾得引用弥勒菩萨的偈语作回答,其中有云:"有人骂老拙,老拙只说好。有人打老拙,老拙自睡倒。涕唾在面上,随他自干了。我也省力气,他也无烦恼。"

拾得的话,体现了佛家无限宽容的精神。

再说一个宽容的例子:

一个精神病人闯进一位医生家里,开枪射杀了医生家三个花样年华的女儿,那位医生却仍然为那精神病人治好了病。

医生的宽容令我们肃然起敬,同时也使我们感受到对他人宽容并非一件容易的事情。

有一篇文章说:

曾经在电视剧《红楼梦》中饰演黛玉的陈晓旭,后来下海经商,拥有亿万家产,不久前皈依佛门,可惜因患乳腺癌香消玉殒,给人们带来无限伤感。可是却有人说:"陈晓旭是为了逃税,她可能是假死。"文章的作者说:"我不是陈晓旭的'粉丝'(fans,崇拜者),可我依然想给说这话的那位来一嘴巴。"作者的意思是说,对这样的人实在难以宽容。

那么什么是宽容?宽容就是:当一只脚踏在紫罗兰的花瓣上,紫罗兰却将香气留在了那只脚上。是啊,有了"紫罗兰"这样的宽容,何愁没有和谐的家庭、和谐的社会、和谐的世界？"林子大了,什么鸟都有。"对于那个仍在伤害"林妹妹"的人,也就不必打他耳光了。

作为推理,宽容是一种经过修炼的内隐前提,它在处理人际关系的推理中起着重要作用。"宽容"同"放得下"一样,是一种"超越"推理,是在情境假设中的一种选择：选择一种心态,紫罗兰一般的心态。

(四) 平常心

仰山禅师度完暑天去看师父沩山。沩山问：

"这个暑天,你做了些什么啊？"

"我耕了一块地,播下了一篮种子。"仰山回答道。

"你这个暑天没有白过啊！"沩山赞赏地说。

"不知老师暑天做了些什么？"仰山问。

"白天吃饭,晚上睡觉。"

"老师这个暑天也没有白过啊！"仰山也赞赏地说。

人的一生,有的大红大紫,有的暗淡无光,虽然区别很大,但只要以平常心去生活,都没有白过。沩山说他暑天只是吃饭睡觉,而仰山也赞赏说他"这个暑天没有白过",就是这种"平常心"。药山告诉李翱："云在青天水在瓶。"说的也是平常心。

马祖道一卧病在床,院主前来探望,问："和尚这几天身体怎样？"

"日面佛,月面佛。"马祖回答道。

日面佛寿命为一千八百岁,月面佛的寿命只有一昼夜。懂得人生之道,不管是长命百岁,还是只有一昼夜,都是有价值的一生。以平常心看待生死,也就勘破了生死。

"平常心"同宽容一样,也是一种心态,一种经过修炼的内隐前提,在勘破名利生死的推理中起着重要的作用。有了"平常心"这个内隐前提,就不会推出贪心、贼心、罪恶之心的结论,保你一生平安。

(五) 日日是好日

云门文偃对一个弟子说:"十五日以前我就不问你了,十五日之后的事你给我说上几句。"弟子无言以对,云门便替他回答说:"天天都是好日子。"

云门问"十五日之后的事你给我说上几句",是什么意思? 他又为什么自己回答说"天天都是好日子"? 原来十五日是月圆之日,象征"开悟",学禅者开悟之后得到"广大自在",就有了超越感,无拘无束,无事于心,所以说"日日是好日"。

"平常心是道"是南泉普愿的名言,无门和尚曾为之作偈语云:

"春有百花秋有月,夏有凉风冬有雪,若无闲事挂心头,天天都是好时节。"

一个人如果心头无"闲事",那便是: 快乐每一天。

"快乐每一天"也是一种心态,作为内隐前提,它会推出许多充满阳光的结论,让你充分享受快乐的人生。

综上所述,根据禅宗学说的入世推理有以下两个要点:

一是转换情境假设。这实际是一种重要的思想方法,一种人生智慧。当你陷入迷惘时,换一种思考方法,立即"前程远大,后地宽宏"。

二是修炼内隐前提。学禅也叫"修禅",培养一种良好的心态,推出来的结论就会超越"小我",充满阳光,使自己拥有一个健康快乐的人生。

禅悟并非只是和尚们的事情,它是一种大智慧。有人说人间一切令人惊奇的创造,都或多或少地表现了一些禅意,并非没有道理。试看我们前面说到的创新推理和顿悟实例,哪一个不是突破了常规思维,从一切形式和"俗虑"中超脱出来,直接进入心灵深处,实现认知的飞跃? 这与"禅悟"的空灵特性何其相似乃尔!

第七章　成　功　之　路

第一节　快　乐　人　生

一、快乐即成功

"人往高处走,水向低处流。"在人生的旅途中,大概没有人不希望成功,没有人不希望谱写自己设计的人生理想,诸如升官发财、成名成家,等等。然而什么是"理想"? 实现了理想就一定成功吗? 既好像是,又好像不是。比如说,有人实现了理想,却终日烦恼,一点儿也不快活,觉得自己并不成功,甚至希望时光倒流,回到从前的"自我"。

那么,什么是"成功"?

什么是"成功"? 可以有各种不同的解读,其中最可取的就是:快乐即是成功。"快乐即成功",这是充满阳光的人生哲学,它可以给我们带来一生欢乐,一世幸福。

请看下面的故事:

20世纪初,有一位少年,他想成为帕格尼尼那样的小提琴家。为此，他一有空就练琴，练得心醉神驰，而演奏技巧实在不敢恭维，连父母都觉得这孩子没有音乐天赋，但又怕说出来会伤害他的自尊心。

一天，少年去请教一位老琴师。老琴师要他拉一支曲子，少年拉了帕格尼尼的一支练习曲，可以说是错误百出，不忍卒听。一曲终了，老琴师问少年："你为什么喜欢拉小提琴？"少年说："我想成为帕格尼尼那样伟大的小提琴家。"老琴师又问："你快乐吗？"少年回答："我非常快乐。"老琴师语重心长地说："孩子，你非常快乐，说明你已经成功了，又何必非要成为帕格尼尼那样伟大的小提琴演奏家不可？在我看来，快乐本身就是成功。"

这位少年听了老琴师的一番话，恍然大悟，他深深地"悟"出了这样一个道理：快乐是世间成本最低、风险也最低的成功，但它能够给人以最真实的享受。如果舍此求他，就有可能陷入迷惘和苦闷的境地。少年心头那团狂热之火冷却了下来，他仍然快乐地拉着小提琴，也有进步，还登台表演过，但不再受困于成为帕格尼尼的梦想。

这位少年是谁？他就是爱因斯坦。

原来"成功"是一个推理：如果快乐就是成功，快乐蕴涵成功。少年爱因斯坦拉小提琴是快乐的，所以他是成功的。这是老琴师的推理，爱因斯坦理解了这个推理，认识到"快乐本身就是成功"这一解读对于人生的真切含义。

当然"快乐"并不等同于"成功"。快乐是一种良好的主观心态，成功是实现了某种愿望的客观效果。但快乐总是意味或标示着成功，大到人生事业，小到猜中一个谜语、下了一着好棋，都会给你带来快乐,意味或标示着你的成功。所以说,快乐即是成功。

至于"理想",那是一种人生的情境选择。在特定的情境中,一个人选择了某个理想,但是这个理想如果不能给你带来快乐,那就很难说是成功。爱因斯坦拉小提琴是快乐的,但是因为他没有音乐天赋,如果一定要成为帕格尼尼那样伟大的小提琴家,那么他就不可避免地要遭受巨大的痛苦,所以聪明的爱因斯坦继续拉小提琴,但不再做成为帕格尼尼的梦。

由此可见,成功并不等同于人生理想。成功总是快乐的,如果一个人艰难地实现了理想,而理想实现之后并不快乐,这样的理想就不能算是成功的,还是放弃为好。

无独有偶,下面还有一个放弃原先设计的"理想"的故事:

法国少年皮尔从小喜欢舞蹈,一心想当舞蹈家。可是由于家境贫寒,父母没有钱供他上舞蹈学校,却把他送进一家缝纫店当学徒。皮尔极端厌烦这项工作,更为不能实现人生理想而苦闷异常。

皮尔认为,与其这样痛苦地活着,还不如尽早结束自己的生命。就在准备跳河的当晚,皮尔想起了自己最崇拜的"芭蕾音乐之父"布德里,于是给布德里写了一封信,向他倾诉了自己的心思和愿望。

皮尔很快收到布德里的回信。在回信中,布德里先是叙述了自己童年的不幸经历:他小时候很想当科学家,却因为家境贫穷,不得不跟随一个街头艺人跑江湖卖艺。然后他说,在理想与现实生活的冲突中,首先要选择生存。只有好好地活下来,才有可能让理想之星闪闪发光。一个连生命都不珍惜的人,是不配谈论艺术的。

布德里的回信让皮尔猛然省悟。从此,皮尔努力学习缝纫技术,从 23 岁那年起,他在巴黎开始了自己的时装事业,建立了自己的公司和服装品牌,创造了辉煌灿烂的人生。

他是谁? 他就是皮尔·卡丹。

其实,放弃也是一种成功。不幸的皮尔·卡丹因为无法实现当舞蹈家的理想而痛不欲生,但是在他读了布德里的回信之后,理智地放弃了这个差不多把他折磨死了理想,快乐地回到现实生活中来,并且成就了一番事业。

虽然实现人生理想并不等同于成功,但是理想和成功也绝不是彼此互不相容的对立物。恰好相反,在人生的旅途中,只要我们善于推理,善于根据特定的情境选择人生理想(或曰"人生目标"),并且在快乐中去追寻,就有可能成功地实现自己的人生理想,像爱因斯坦那样成为伟大的科学家,像皮尔·卡丹那样成为具有成就感并且拥有巨额财富的商人。

人生应当是快乐的。因为"人是万物之灵",人类社会拥有无与伦比、高度发展了的物质文明和精神文明,我们没有任何理由不去享受快乐人生,在快乐中追寻自己的人生理想。

英国《太阳报》曾经以"什么样的人最快乐?"为题,举办了一次有奖征答活动,编辑们从八万多封来信中评出四个最佳答案:

1. 作品刚刚完成,吹着口哨欣赏自己作品的艺术家;

2. 正在用沙子筑城堡的儿童;

3. 为婴儿洗澡的母亲;

4. 千辛万苦开刀后,终于挽救了危重病人的外科医生。

这四个答案都是"最"快乐的人。除"最"快乐以外,当然还有次快乐、又次快乐等。正是这些"最快乐"的答案为我们提供了充分的信息,它们从不同的角度说明了快乐人生的意义。

第一个答案告诉我们:工作着是快乐的。艺术家完成了自己的作品,成就感使他十分快乐。其实岂止是艺术家,岂止是艺术家在完成作品的时候!任何一项工作都会给人们带来乐趣。艺术家罗丹说:"工作就是人生的价值、人生的欢乐,也是幸福的所在。"

第二个答案告诉我们:成功的快乐更重要的是过程,而不只是结果。儿童用沙子筑城堡的时候固然是快乐的,我们每一个人做每一件事情,只要充满想象,对未来充满希望,始终保持一颗童心,就会永久怀有一种快乐的成就感。还是爱因斯坦说得好:"人生最大的快乐不在于占有什么,而在于追求什么的过程中。"

第三个答案告诉我们:爱心是快乐的源泉。婴儿是母亲爱的结晶,母亲在为婴儿洗澡时候的心情自然是极其美好的。当我们怀着爱心去做某一件事情的时候,心情也总是无比愉快的。

第四个答案告诉我们:给予别人快乐的同时也给自己带来快乐。医生从死亡边缘挽救了病人的生命,既为了病人的得救而高兴,也为自己的成就而兴奋不已。我们每个人都有可能做天使或者做魔鬼,如果只做天使而不做魔鬼,那么我们的心情就会永远都是快乐的。

人生应该是快乐的。因为快乐是一种人生的智慧、人生的推理,同时也是人生的权利,我们没有任何理由拒绝快乐。

有一篇题为《好累》的文章,讲述了这样一个女孩:

14 岁的时候,有男孩子追她,躲得好累;24 岁的时候,没有男孩子追她,想得好累。

跟男朋友吃饭,为给他省钱不敢点菜,假装淑女好累;男朋友请吃饭,不知道他有什么企图,不敢大意,防人好累。

男朋友假装喝醉了,说要一起回家,编个理由哄开他,好累;男朋友真的喝醉,吐了一地,要打扫卫生,好累。

老公没有钱的时候,每天要算计着过日子,好累;老公有钱了,又担心他在外面不学好,自己胡思乱想,好累。

怀孕了,怕生个男孩像他爹没出息,好累;又怕生个女儿,将来像自己一样被"骗",好累。

……

真的好累!这叫"累"由自取。

二、快乐的体悟

"快乐"是什么?快乐是一种因为满足而喜悦的情感,一种心理感受。对于快乐的体悟,需因时、因地、因人、因事而论。不同的人在同一情境中,对于同一件事情的快乐体悟是各不相同的,而同一个人在不同的情境中,对于同样事情的快乐体悟也往往有所不同。

例如:

作家史铁生 21 岁时因病致残,在轮椅上度过了数十个年头。史铁生曾经以他的亲身体会写道:"生病的经验是进一步懂得满足。发烧了,才知道不发烧的日子多么清爽。咳嗽了,才体会到不咳嗽的嗓子多么安详。刚坐上轮椅时,我老想,不能直立行走岂不把人的特点搞丢了?便觉天昏地暗。不久生出了褥疮,一连数日只能歪七扭八地躺着,才看见端坐的日子其实多么晴朗。后来又患尿毒症,经常昏昏然不能思考,就更加怀恋起往日时光。我终于醒悟:其实我们每时每刻都是幸运的,任何灾难面前都可能再加上一个'更'字。"

史铁生由于身体的原因,把自己的"快乐"底线定得很低。对于我们常人来说,不发烧,不咳嗽,直立行走,安稳地坐着,舒服地躺着……所有这些,都是平常而又平常的事情,又有什么"快乐"或"幸福"可言呢?

那么,这是为什么呢?因为我们是健康的人,对于快乐和幸福没有失去健康的人那样的体悟,正像人们常说的"身在福中不知福"。如果我们能够体悟到史铁生所说"其实我们每时每刻都是幸运的",那么每时每刻就都会沉浸在快乐之中。"身在福中要知福",我们应当尽情地体悟人生的快乐。

史铁生以他的《病隙碎笔》一书获得鲁迅文学奖散文奖。他在领奖后说:"困境的本质对于人的伤害是一样的,如果不去寻找生命的意义,生命就没有意义。"

原来快乐作为一种心态,当事人可以主观上予以调节。也就是说,"身在福中不知福"和"身在福中要知福",主要取决于当事人的心态:"如果不去寻找生命的意义,生命就没有意义。"

有人说性格是天生的：林黛玉"对月伤情,临风洒泪",是天生的感伤派;史湘云襁褓中父母双亡,但是"幸生来,英豪阔大宽宏量",是天生的乐天派。这当然有理论和事实的根据,但是"山难改,性难移"也只是"难"而并非不可。如果我们坚持内隐前提的修炼,不断调整自己的心态,就有可能找到生命的意义,体悟并且享受快乐的人生。

我们说"快乐是一种因为满足而喜悦的情感",所谓"满足"是对需要的满足。人类的需要是多方面的,但首先是生存的需要,也就是首先要活着,活下来才能有所作为。人的其他需要如安全的需要、爱的需要、实现自我的需要等,体现了人们不同层级的需要。人生理想是实现自我的需要,属于"需要"的最高层级。

由于存在不同层级的需要,因此人们也就有了不同层级的快乐体悟。

例如:

一篇题为《只需一张床》的文章说:

作者从一本科普书上读到:有一种很小的海鸟,能够飞行几万里,越过太平洋,而它只需要一截小树杈。小海鸟把树杈衔在嘴上,飞累了将树杈扔在海面,然后落在树杈上休息,饿了就捕鱼充饥。就这样,一截小树杈满足了小海鸟飞越太平洋的需要。

作者由此发表感慨说:"飞跃人生海洋,当然要准备一截树杈,但衔多了确实太累。"

作者回忆小时候,一家四世同堂,住房不足 40 平方米。他 16 岁那年,还和小弟、外公挤在一张床上。当时他的愿望就是有自己单独的一张床。

作者经过多年奋斗,搬了好多次家,房子越搬越大,最后在一座海滨城市拥有了一套面积不算小的住宅,当然远不止满足了一张床的愿望。无疑地,作者的每一次搬家,都会给自己带来许多快乐。

可是作者却进一步地想:"我是不是欲望大了点。虽说我是用自己的劳动换来的回报,可人生不就需要一张床睡觉吗?连吃饱的狮子对身边的羚羊都打不起精神,可是人的欲望却永远无法满足。"

作者的快乐体悟,值得我们深思:

首先,知足常乐。人生的有些需要,比如生存需要、安全需要,一般都不难满足,所以人们在通常情况下都应当是快快乐乐的。良田千顷,日食三餐;大厦千间,夜眠八尺。人生的最低需要毕竟有限,所以人们有理由快快乐乐。

其次,享受人生。人生总有许多追求,用自己的劳动所取得的每一次成功都会带来快乐。人们的人生追求没有止境,奋斗没有止境,由此推动着人类社会不断地发展。我们应当感谢时代的赐予,充分地享受人生,享受人生的快乐。

再次,快乐有度。世上的事情都有"度"——一定的尺度或标准,如果过了头,"物极必反",就会走向事情的反面。快乐也是一样:必须有度,否则就会"乐极生悲"。

人毕竟不同于狮子,人的欲望是无止境的。"欲壑难填",如果快乐无度,最终难免要失去所有的快乐。

例如：

有这样一个古老的故事：

从前,有一个生活简朴的国王,快快乐乐地治理着自己的国家。

一天,有人送给国王一双金筷子,他接受了。对于一个国王来说,这本来算不上什么大事情,可是问题来了:有了一双金筷子,国王觉得原来的陶碗太土气,于是添置了一只金碗。有了金筷子和金碗,他又嫌以往那样的饭菜配不上了,于是……

于是,国王变了……

于是,国王被推翻了。

三、多彩人生

"快乐"是一种推理,不同的推理者由于外显或内隐的前提不同,所推导出来的"快乐"结论也是彼此不相同的。

例1:

在那淘金的年代里,有两个墨西哥人沿着密西西比河淘金,来到一个河汊,他们分了手。因为一个人认为阿肯色河可以淘到更多的金子;另一个人认为俄亥俄河发财的机会更大。

十年后,进入俄亥俄河的淘金者不仅找到了大量的金沙,而且使他落脚的地方成为今天的匹兹堡市。

进入阿肯色河的淘金人一直没有音讯,直到50年后,一个重量为2.7公斤的自然金块在匹兹堡市引起轰动,人们才知道他的一些情况。这个全美国最大的自然金块是一个年轻的阿肯色人在屋后的鱼塘里捡到的。这个年轻人从他祖父留下的日记里读到这样的记载："昨天,在溪水里又发现一块金子,比去年淘到的还大。进城卖掉它吗? 那就会有成百上千的人拥向这里,我和妻子亲手用一根根圆木搭建的棚屋,挥洒汗水开垦的菜园和屋后的池塘,还有傍晚的火堆,忠诚的猎狗,美味的炖肉,山雀、树木、天空、草原,大自然赠给我们的珍贵的静谧和自由,都将不复存在。我宁愿看到它被扔进鱼塘时激起的水花,也不愿眼睁睁看到这一切从我眼前消失。"

人生是多彩的。这两位墨西哥淘金人由于推理不同,导致人生的道路不同:一个成就了辉煌事业;一个陶醉于田园生活。然而他们又都是一样的成功者,一样地富有传奇色彩,一样地快快乐乐。

例2:

在1936年的柏林奥运会上,最有希望夺得跳远金牌的是美国黑人选手杰西·欧文斯。他是一个田径天才,一年前曾经跳出8.13米的好成绩。

预赛开始,德国选手卢茨·朗格第一次就跳了8米,而欧文斯却由于紧张,两次试跳失败。如果欧文斯第三次失败,那么冠军就非卢茨莫属。可是欧文斯还是无法使自己平静下来。

这时候卢茨走了过来,拍了拍欧文斯的肩膀说:"你为什么不在离跳板还有几厘米的地方做个记号,而在记号处开始起跳?"

欧文斯恍然大悟,照卢茨的话做了,如愿以偿地夺得了冠军。夺冠后,第一个上来祝贺的人就是卢茨,这使得欧文斯非常感动。

人生是多彩的。欧文斯夺得奥运会冠军是伟大的,而卢茨的宽广胸襟和高尚品格或许更加伟大。获得成功的欧文斯是快乐的,成功地帮助欧文斯获得成功的卢茨也同样是快乐的。

例3:

几个在美国的中国留学生结识了当地一位做木匠的朋友,周末放假,常去木匠朋友家做客。

第一个星期天,木匠朋友开车来接他们。路上的谈话除了介绍他的家人以外,尽是木匠活的事情。看来他非常喜欢这个职业。

第二个星期天,木匠朋友把他们接到自家的农场,吃烤肉,喝啤酒。席间,木匠朋友说他是木匠世家,儿子也喜欢老爸的手艺,乐意继承下去。

第三个星期天,木匠没有来,他打电话说,要在家里看足球赛。这些留学生们知道,对于这位木匠朋友来说,看足球赛比什么都重要。至于总统是谁,参议员是谁,那倒是无关紧要的。

人生是多彩的。快乐和成功并不仅仅属于功成名就、超凡脱俗之人,也属于那些生活在社会底层的平平凡凡的人。这几位中国留学生的木匠朋友是一个普普通通的劳动者,他的快乐体现了一种平凡而伟大的人生意义。

例4:

有一个女孩,家庭很穷。每天清晨,她和妈妈到菜市场去捡别人丢弃的菜叶,回家后洗干净,就成了一家人一天的菜蔬。

上高二那年,女孩觉得活着实在没有意思,打算结束自己的生命。她想最后看一眼妈妈，就来到妈妈的修车点。妈妈从工厂下岗后，就靠给别人修理自行车来维持家庭生计。

女孩看到旁边的柱子上挂着两样东西：一副羽毛球拍和一只饭盒。

"这些是干什么用的?"女孩问妈妈。

"羽毛球拍是在没生意的时候和别人一起锻炼用的。"妈妈说，"总是坐着会发胖。"

"那饭盒呢? 是妈妈的午饭吗?"女孩又问。

"不是。"妈妈回答说："那是一盒黄瓜头儿——吃黄瓜时掰下来的，妈妈都留了下来。"

"做什么用?"

"用来美容。"妈妈说，"没事的时候，妈妈用黄瓜头儿擦擦脸，可以延缓皮肤衰老。"

妈妈的话深深地感动了女儿，她想："如果我死了，就太对不起妈妈了……"女孩在妈妈那里坐了一会儿，就回到学校，从此再没有想过自杀。后来，女孩上了大学，她说，是妈妈的黄瓜头儿挽救了她。

这是一位伟大的母亲，她生活在社会底层，却能够从容对待人生，快乐地享受人生，并且教会了女儿如何正确地面对人生。

平凡人生自然有快乐的理由。因为是平凡的人，没有商海的风险，也没有冠冕的约束。他们像那位木匠朋友，以自己的职业为荣耀，或者像那位母亲，在贫困生活中不忘美容，他们从容不迫，笑对人生。因为是平凡的人，无拘无束，无须掩饰自己的感情，高兴时可以引吭高歌,直抒胸臆,悲伤时又不妨痛痛快快地大哭一场,再雨过天晴。

人生是多彩的,就像一首诗所描写的那样:"融进银河,就安谧地和明月为伴,照亮长天;没入草莽,就微笑着同青草共存,染绿大地。"无论是融进银河还是没入草莽,他们都是快乐的成功者。

第二节 路 在 脚 下

一、预测

人生旅途就像唐僧师徒们西天取经那样:漫长而艰险。唐僧在取经途中经历了大大小小九九八十一难,人生的旅途也有霜剑风刀,三灾六难。所谓"人情冷暖,世态炎凉",即使是平常人生,也会无事中生出许多事来。

敢问路在何方? 路在脚下! 成功之路是自己走出来的。只要我们认真走好每一步,一步一个脚印,就可以走出一条康庄大道。

我们要做好每一件事情,即使是平平常常的生活小事,一般都要经历这样四道程序:预测、决策、实践和反思。按照程序,我们先讨论预测。

"凡事预则立,不预则废。"世界上的事情风云变幻,面对某一件事情,我们应当想一想,它的结果将会怎么样,以便对即将发生的事情有所准备。这就是预测。

预测首先要有预测对象,即预测什么,比如政治预测、战争预测、市场预测、求职预测、疾病预测。其次要有预测根据,即根据什么进行预测,比如事实根据,经验或理论根据。但是更为重要的还在于预测推理。预测的过程就是推理的过程,"举过去、据现在,以推算将来"。

预测推理的最主要特征是"将来时态",即预测的结论是将要发生而又还没有发生的事情。预测的推理模式是:

A,所以将来 B

预测推理是一种情境假设,也就是在特定的情境中,从前提 A 推出可能的未来,即将来 B。

例如:

有一位农场主,在大西洋边上耕种一块土地。由于大西洋风暴每每摧毁沿岸的建筑和庄稼,尽管农场主一次次贴出招聘广告,却难得有人应聘。直到有一天,一个瘦小的中年男人表示愿意给农场主做个帮手。

"你会是一个好帮手吗?"农场主问道。

"这么说吧,即使飓风来了,我都可以睡着。"应聘者得意地回答。

虽然农场主不大明白这句话的意思,但是农场急需用人,还是雇用了他。这个新来的长工从早忙到晚,把农场打理得井井有条,农场主十分满意。

不久后的一天晚上，狂风大作。农场主跳下床，急急忙忙地跑到隔壁长工睡觉的地方，使劲摇晃着熟睡中的长工，大声地喊着："快起来！暴风雨就要来了。在它卷走一切之前，把所有的东西拴好！"

"不，先生，我告诉过你，当暴风雨来的时候，我能睡着。"长工翻了个身，不紧不慢、梦呓般地说道。

农场主强压怒火，一个人去做暴风雨来临前的准备工作。可是令他吃惊的是，所有应该准备的工作，长工全都做好了，竟然找不出一件还需要做的事情。农场主终于明白了长工当初那句话是什么意思。

古人说："宜未雨而绸缪，毋临渴而掘井。"这位长工正是从当时的天候征兆推出了"将来 B"，预测到暴风雨即将来临，并且做好了充分准备，所以能够安然入睡。

"人无远虑，必有近忧。"我们每做一件比较重要的事情，特别是在人生的某个新起点上，都应当像西天取经的孙悟空那样，手搭凉篷，探探前方有没有妖怪兴风作浪的征兆，预测旅途是否平安。

当然，由于预测推理是将来时态的推理，其结论只是可能为真而不是必然为真的。因此，对于预测所推出来的结论必须进行论证，努力提高结论的真实程度。

二、决策

决策是一种情境选择，即从若干备选方案中选出最佳方案。正确决策对于实现人生理想具有至关重要的作用。

决策是在预测的基础上进行的。首先,确定决策目标。经过预测,确定自己要做什么。决策目标大到人生理想,小到商场购物,甚至更微小的事情。其次是确定备选方案。决策一般都有几个方案供决策者选择。然后是决策推理,即从备选方案中选择最佳方案。

决策推理是一种情境选择推理,基本模式为:

$$A \text{ 或者 } B, A \text{ 优于 } B, \text{ 所以 } A$$

在决策过程中还会用上其他形式的各种推理,比如情境假设的"如果"推理。

实现人生理想的决策属于高层级的决策,必须善于选择决策目标,审慎地进行推理和论证,从而赢得事业的成功。

例如:

中国著名跨栏运动员刘翔,曾经自述他的成功决策的过程:

从小时候打玻璃球开始,刘翔的好胜心就比较强:"别人比我厉害,我就要比别人更厉害。"他觉得,给自己设立一个目标,总是好事。

刘翔刚进国家队的时候,不仅年龄小,而且成绩也差,但他却把目标锁定在师兄沈真声身上。沈真声曾经三次打破全国少年跨栏纪录。刘翔明白,要超过别人,就必须付出更多的汗水和努力。为此,多少个傍晚,他自己留下来单独加练。2000年,全国田径大奖赛南京站,刘翔真的超过了沈真声。

　　刘翔实现第一个目标之后,把下一个目标锁定为陈雁浩。从
1993 年起,陈雁浩一直称霸亚洲。不久,全国田径大奖赛移师宁波,
刘翔超过了陈雁浩。

　　那么刘翔的下一个目标又是谁呢? 那个人就是鼎鼎大名的阿
兰·约翰逊。在 110 米栏 20 个快于 13 秒的成绩中就有 9 个是他创
造的。约翰逊是当之无愧的世界"跨栏王"。

　　然而要超过这位"跨栏王"谈何容易! 2002 年,刘翔第一次与约
翰逊并肩站在起跑线上,遗憾的是他跨第二个栏的时候摔倒了,只看
到约翰逊的背影。在 2003 年整整一年与约翰逊的比赛中,刘翔全部
败北。

　　2004 年 5 月 8 日,刘翔等待的一天来到了。在这次日本大阪田
径大奖赛上,他终于赢了"跨栏王"约翰逊。在后来的比赛中,刘翔又
多次超过约翰逊,并且在 2004 年的雅典奥运会上获得冠军。2006
年,刘翔创造了男子 110 米栏 12.88 秒新的世界纪录。

　　在刘翔的人生旅途中,把自己的人生决策分成了几个阶段,每一
个阶段都有明确的决策目标。分阶段决策是个好办法,最初的目标
不宜太高。

　　从刘翔的自述来看,刘翔的决策似乎没有备选方案和推理,而实
际上,刘翔的每一个决策目标,都是从众多的对手中挑选出来的,其
中必然地包含许多情境假设和情境选择的推理,否则不可能每次决
策都那么成功。

　　如果说刘翔的决策可以从容不迫、反复推理的话,那么有时候机

会并不等人,决策只是瞬间的事情,这样的决策称为"快速决策"。

例如:

年轻人阿雷辞去在佳木斯的工作,来北京发展。由于学历不高,阿雷只在一家公司找到一份保安工作。

保安工作很单纯,但是阿雷干得很认真,他甚至留心过车辆进出所需要的最短时间:外面车辆进来,他登记车牌号,发停车牌,需要 5 分钟的时间;里面车辆出去,司机打开车窗,他接过停车牌,只需要 1.5 秒。

可是阿雷想当白领,同伴们说他"痴人说梦"。

有一天,一辆奥迪车从里面开出来,阿雷认得这是总经理的车。出乎意料的是,司机一侧的车窗打开,探出头来的却不是原来的司机,而是总经理本人。阿雷觉得奇怪,随口问了一句:"老总,你怎么亲自开车?"

"司机病了。我要开会,只能自己开车了。"

阿雷迅速转动了一下脑筋,觉得这是难得的机会,立即掏出自己的驾照,对总经理说:"来北京前,我就有三年的驾龄,如果您觉得合适,我给您开两天车,行吗?"

阿雷利用这本来只有 1.5 秒的时间,改变了自己的人生命运。他在为老总开车的两天中,老总很满意,认为阿雷头脑灵活,处事得当,当保安"屈才"了。第三天,老总让阿雷参与销售工作。

今天的阿雷已经是部门经理了,在北京买了房,买了车,成了许多人羡慕的成功人士。

即使像阿雷这样的快速决策,也同样存在决策目标、备选方案和决策推理。"想当白领"是阿雷的决策目标;抓住这个机会还是放弃机会,是阿雷的备选方案;"阿雷迅速转动了一下脑筋",就是进行决策推理。"机遇只给有准备的人",阿雷及时地抓住机遇,快速决策,因而成功地实现了人生理想。

中搜总裁陈沛在一次题为《管理哲学与快速决策》的演讲中,说到快速决策的两点体会:

一是必要条件决策,他说:"我们不知道这样做是否成功,但我们知道不这样做一定失败,应当马上决策。"也就是说,如果必要条件为集合$\{A_1$且A_2且…且$A_n\}$,在时间不容许作更多思考的情况下,即使条件不齐备也可以决策。这样的决策虽然存在风险,但也存在着成功的可能性。

二是充分条件决策:"我们知道这样做对我们非常有利,但我们不知道还有没有更好的方案,在这种情况下应当马上决策。"也就是说,如果充分条件为集合$\{A_1$或A_2或…或$A_n\}$,只需找到其中一项就可以决策,如果犹豫彷徨,就会坐失良机,铸成大错。

哲学家培根说:"人是自身幸福的设计师。"为设计自身的幸福,必须善于决策,有时候还需要善于快速决策。

由于决策是关于未来的决策,结论也只具有或然性,所以决策需要论证。特别是一些重大决策,比如人生命运的决策、重大工程建设的决策(三峡工程、杭州湾跨海大桥等),都需要认真地进行论证,有的论证甚至需要几年乃至更多的时间。即使是快速决策,也应有自己的推理根据。不能只是心血来潮，"拍脑袋"决策方式是要不得的。

三、实践

这里所说的"实践"，是指决策实践，即把决策目标付诸实施，让理想成为现实。如果不把决策目标付诸实施，那永远只是一个空谈家，到达不了胜利的彼岸。所以，决策实践是实现人生理想的决定性环节。

决策实践是"知"和"行"的统一，即在决策思想的指导下实现决策目标。

实践的推理是现在时态的推理，即：

$$A，所以（现在）B$$

因为现在时即是当时，模式中的"现在"可以省略，简化为：A，所以B，即推理的基本模式，包含人们日常推理中用得到的一切推理形式。

因为决策实践涉及诸多因素的推理问题，内容复杂繁多，这里只着重讨论三件事情：

（一）实践决策目标

决策实践必须围绕决策目标进行，否则就成了盲目实践，做不成任何事情。

例如：

新东方学校创办人俞敏洪说,他的成功是由于受到父亲一件事情的启示。

俞敏洪的父亲是个工人,常给别人盖房子。每次盖完房子,父亲总是把那些断砖碎瓦捡回来,堆在院子里。那时候俞敏洪年龄还小,不知道父亲为什么这样做。直到有一天,一座小房子盖了起来,父亲把散放的猪羊赶了进去,他终于明白了父亲的用意。

俞敏洪说,父亲"捡砖头"给他的启示是,每做一件事情都要问问自己：做这件事情的目标是什么？因为盲目做事情就像捡了一堆砖头而不知道干什么一样。此外,实现这一目标需要付出多少努力？也就是需要捡多少砖头才能把房子盖起来。之后,就要有足够的耐心,因为砖头不是一天就能捡够的。

俞敏洪的"捡砖头"思维,包括实践决策目标的三项重要内容：一是确定地围绕决策目标行动,避免盲目实践；二是把目标细化、具体化,以便实施；三是坚定不移,为实现决策目标全力以赴。

实践决策目标的推理,也就是决策实践的推理。如果推理正确,那么决策目标就有了实现的可能；反过来说,如果决策目标实现了,也就证明了实践的推理是正确的。

(二) 创新推理

决策的实践往往会遇到许多困难,甚至陷入"无计可施"的窘境。在这种情况下,"多想出智慧",只要肯动脑筋,就有可能"柳暗花明",想出解决问题的好办法来。

例 1：

大英图书馆年久失修,决定新建一个图书馆。新馆建成后,要把老馆的图书搬运到新馆去。这本来是一件简单的事情：由搬家公司把书装车运到新馆,然后上架,就完成了。然而问题在于：按照预算需要 350 万英镑,图书馆没有这么多的钱。

正当图书馆长苦于无计的时候,一个馆员告诉馆长,他想出了一个方案,只需要 150 万英镑,但是他有一个条件："如果把 150 万全花完了,那算我为图书馆做贡献了；如果有剩余,那就全归我。"

"没问题！这个我可以做主。"馆长毫不犹豫地说道。

合同签订了。不久,报纸上发出了一条消息："从即日起,大英图书馆免费、无限量向市民借阅图书,条件是从老馆借出,还到新馆去。"

结果呢？图书全部搬到了新馆,150 万连零头都没有用完。

例 2：

有一位青年,在美国一家石油公司找到一份工作：巡视并确认石油罐盖有没有自动焊接好。

可是这位青年不安于这样简单的操作,他要"找些事情来做"。这位青年仔细地观察焊接的过程,发现罐子旋转一次,焊接剂滴落 39 滴。他认为,如果能将焊接剂哪怕是减少一滴,也会节约大量的成本。经过一番研究,他成功地发明了"38 滴型"焊接机,每年可为公司创造 5 亿美元的利润。

这个青年就是后来的美国"石油大王"约翰·洛克菲勒。

两例都是突破了常规思维的创新推理。前例一个妙招,不仅完成了图书馆的搬书任务,而且为自己赢得了百万英镑。后例的"一滴智慧",造就了一个"石油大王"。

(三) 准备失败

有时候,由于客观或主观的条件不具备,即使经过努力,也无法实现决策目标,因此必须准备失败。

例1:

有人问一位企业家朋友,他的成功秘诀是什么?

"第一是坚持,第二是坚持,第三还是坚持。"企业家朋友说。

这能算得上秘诀吗? 提问的人不禁暗笑。没想到朋友意犹未尽,又补充了一句:"第四是放弃。"

放弃? 怎么能够放弃呢? 成功的企业家能够放弃吗? 问的人不解了。

朋友说,如果你确实努力再努力了,还不成功的话,那就是说,不是你努力不够,而是你的努力方向或者才能有问题。这个时候,你的最明智的选择就是赶快放弃,及时调整方向,进行新的努力。"打得赢就打,打不赢就跑。"千万不要在一棵树上吊死。

例2:

高尔夫球名将黑根说过,在每打一局球之前,他都准备打6个坏球。如果真的打出了坏球就觉得很正常,不以为憾了。但这样做的结果常常相反:他并不会真的打出6个坏球,成绩往往出乎意料的好。

"从最坏处着想,向最好处努力",是实现人生理想的诀窍之一。准备失败,并不意味着放弃对成功的追求;恰好相反,有了失败的心理准备,往往更容易获得成功。那位企业家朋友和高尔夫球名将黑根都是因为有了失败的心理准备,反而取得了实践的成功。当然,准备失败并非一定成功,但是这种情况下的失败已经是心理压力所能承受得了的。

四、反思

陶渊明的《归去来兮辞》说:"悟以往之不谏,知来者之可追;实迷途其未远,觉今是而昨非。"我们每做一件事情或实践一个阶段性的决策之后,不妨回顾或反思一下以前的实践情况,总结经验教训,以利于新的实践。

反思的内容是关于以往的事情,属于过去时态,推理模式应为:

过去 A,所以 B

反思推理的前提为过去 A,即已经发生的事情;结论为现在时态,当前的认知结果,模式中省略了表示现在时态的"现在"。

"反思"不同于"后悔"。后悔是一种消极心理,沉浸在以往所犯错误的痛苦之中而不能自拔,反思则是一种积极的心态,它从对过去的总结中看到了希望,从而信心百倍地走向未来。因此,后悔的心理不可有,永远莫吃"后悔药",但是"反思"的程序不可无,无论是经验或者教训,都是非常宝贵的财富。

例 1:

1991 年海湾战争结束后,很多人认为美国的军事力量已经强大到能够轻而易举地摧毁任何一个国家。就在这个时候,美军参谋长联席会议主席鲍威尔却说,美军只是进行了一场"理想"的战争,因为遇到了"理想的敌人",建立了"理想的联盟",拥有"理想的设施"和"理想的地形"。

鲍威尔说出了一连串的"理想",意思无非是说,海湾战争有它的特殊性,如此理想的条件很难再现。也就是说,不必对这次战争评价过高,避免将来做出错误的决策。

鲍威尔的反思,就是以已成为过去的海湾战争为前提,推出了"海湾战争具有特殊性"的认知结论。显然这个反思是极其宝贵的。后来美国总统布什所发动的伊拉克战争,至少没有建立起"理想的联盟",所以在事实上是一场失败的战争。

例 2:

卡瑞尔到密苏里州去安装一台瓦斯清洁机,经过一番努力,机器勉强可以使用,但远远没有达到公司保证的质量标准,并且目前只能做到这样。

对此,卡瑞尔十分苦恼,甚至无法入睡。于是他进行了反思,终于想出了一个解脱烦恼的方法:

第一步,找出可能发生的最坏的情况:自己因此丢掉工作;也可能公司会把整台机器拆掉,使投下的 20 000 块钱泡汤。

第二步,让自己能够接受这个最坏的情况。他对自己说,丢掉了工作还可以再找一份;至于公司,他们知道这是新方法的试验,可以把 20 000 块钱算在研究费用上。

第三步,有了接受最坏情况的思想准备,他平静地把时间和精力用来改善那种最坏的情况。他做了几次试验,终于发现:只要再花 5 000 块钱加装一些设备,就能达到预期的标准,原来的 20 000 块钱并未损失。

卡瑞尔的反思带来了非常积极的结果:不仅取得了技术上的突破,避免了可能造成的经济损失,还总结了一套带有普遍性的反思方法,不仅使自己,还能让更多的人从烦恼中解脱出来。

卡瑞尔的反思公式是:1. 问问自己,可能发生的最坏情况是什么? 2. 接受这个最坏的情况。3. 想办法改善当前的情况。这个公式,恰好印证了我们前面所说的"从最坏处着想,向最好处努力"的人生诀窍。

反思的过程是一个复杂的推理过程。在反思的推理中,最重要的是要把已经成为过去的情况弄清楚,努力搜索重要的内隐前提,慎重选择推理方式,力求得出正确的结论。否则,很可能走偏方向,导致事业的失败,甚至带来毁灭性的灾难。比如说,胜利后的骄傲自满,失败后的一蹶不振等,都是在反思中不正确推理的结果。

此外,反思需要及时。如果反思不及时,那会成为"马后炮",失去了,至少是降低了反思的实践价值。

第三节 好人一生平安

一、把自己当成别人

一个少年去拜访一位德高望重的智者,少年问智者:"我怎样才能成为一个自己快乐也给予别人快乐的人呢?"

智者赠给少年四句箴言:

第一句:把自己当成别人;

第二句:把别人当成自己;

第三句:别人就是别人;

第四句:自己就是自己。

先说第一句:把自己当成别人。然后,依次讨论后面几句。

"把自己当成别人",意思是说:假定自己就是别人,以对方为中心,客观地为人处事,自己快乐,也使别人快乐。

这是一种换位思考。

换位思考亦即换位推理,特点在于转换情境假设,也就是把自己和对方的角色调换一下,并因此而改变推理的结论。

把自己当成别人,其蕴涵式大体为:

如果把自己当成别人,那么就不应当如此。

蕴涵式也是推理式。我们在第四章曾经说过：蕴涵即是推理，因为前件蕴涵后件，肯定前件就能够推出后件。

在人际交往中，有些人以自我为中心，自以为是，说话时总是有意无意地伤害别人。中国人民大学金正昆教授在北京大学讲演时，说这种人的存在价值就是让别人不爽。金教授十分风趣地说道：

比如你是个女孩，五一节回家，做了一个漂亮的发型，摇曳生姿，出现在室友和同学面前，你喜欢说好就说好，不喜欢就别说话，别吭气，人家愿意那个样子嘛。有的人就偏不。比如这个女孩叫马琳，有同学就会说："琳琳，你的发型真好看。"琳琳听了很高兴，"谢谢"。"你的发型也很时髦"，"谢谢"，"但是你的裙子不好看"。（笑声）除以二，让你高兴去掉一半。

一男生，老爸从香港回来，给儿子买了一件夹克，是雅格诗丹，三五千的。一人问了："什么衣服？""英国牌子，雅格诗丹。""多少钱？""我爸在香港买的，听说三千。""三千？北大南门有家小店，跟你这完全一样，二百！"（笑声）一句话叫你亏两千八，他就是让你不爽！

这种说话总是让别人不爽的人，金教授说他们是一些做人不厚道的人、刻薄的人、爱挑剔的人，是一般人不喜欢的人。

说这样话的人也许会辩解说："我的话儿没错呀，实话实说嘛！"可是，如果你把自己设想为听话人，当你听到别人这样说，你会有什么样的感受呢？你肯定不舒服，甚至会愤怒地说："你这个人怎么这样说话呢！""一句话叫人笑，一句话叫人跳。"说话让人不爽，主要不是技巧问题，而是缺乏"把自己当成别人"的心态。

　　"沟通是成功之桥。"所谓"沟通",就是彼此了解对方,彼此设想自己就是对方。如果沟通成功,自己快乐,别人也快乐。

　　然而彼此把自己当成对方进行成功的"沟通",并不是一件容易的事情,其中重要一点就是:双方都必须具备同对方"沟通"的条件和心理。比如说,你能听得懂对方说话的含义,理解对方此时此刻的思想感情,等等。否则,你怎么把自己当成对方呢? 另一方面,如果你面对的是居于弱势的对话者,那么你就必须放下架子,把自己当成对方,用对方熟知的事情同对方沟通。否则,你就不具备"沟通"的心理,同样会使交际归于失败。

　　金教授的演讲还有这样一段精彩的内容,他说:

　　那天我和老婆回家都比较累,不想做饭,就到楼下吃,到一家店去。那店我经常去吃,菜做得很好,价钱很公道,也很干净,小妹很漂亮,态度也很热情哩! 我和老婆在那里一坐,小妹就笑眯眯地过来了:"二位,要饭吗?"(笑声)我不爱生气,但不能保证老婆不生气。我赶快和稀泥,对那小妹说:"你看清楚了吗? 我们两个长得像洪七公吗?"我想拿丐帮老祖幽她一默,没想到那小妹非常纯洁地问:"谁是洪七公?"(笑声)她不跟你过招,当你找人决斗没对手时,你多寂寞! 拔剑四顾心茫然呀。

　　金教授说:"这就是'沟通错位',对话不在一个平台上。你别觉得你自己的水平很高,你知识很丰富,你好心好意地去和别人沟通,可是别人不买你的账,有劲吗? 这样的事还少吗?"

　　"沟通错位"的原因,无非前面说到的两个方面:一是一方处于弱势,不具备沟通的条件,难以把自己当成对方;二是另一方没有"把自己当成对方"的心理,没有"以别人为中心",而是"自以为是"地把自己的思想感情强加于对方,因此难免会沟通失败。

在人生的旅途中,把自己当成别人,就会对自己的人生有个比较客观的评价,正确地认识自己的实际价值,而不至于一味地自我陶醉或者悲观失望。说得更为具体一些:在你感到痛苦不堪的时候,如果把自己当成别人,痛苦就会减轻,甚至释然;在你小有成就而欣喜若狂的时候,把自己当成别人,就会豁然醒悟,心境趋于平和。

读者大概还记得前面说过的"妈妈的黄瓜头儿"和"三根指挥棒"的故事吧!这两个故事告诉我们,把自己当成别人,甚至可以改变一个人的人生命运。

"妈妈的黄瓜头儿"故事说,一个女孩因为家境贫苦,觉得生活没意思而想到自杀。她想最后看一眼妈妈,来到妈妈的修车点儿。当她知道妈妈用黄瓜头儿作为美容用品给自己美容时,女孩儿突然意识到"自杀"念头的荒唐,从而改变了自己的人生态度,步入了新的人生旅程。

在"三根指挥棒"的故事中,那位年轻的指挥家踌躇满志,认为在乐队里没有人能够取代他的位置。因为偶然地把指挥棒忘在家里,有人建议他向乐队里的人借一根的时候,他还认为别人不可能会有指挥棒。可是出乎意料,竟然有三根指挥棒同时递到他的面前。他震惊了:原来有很多人都在努力,随时准备取代他的位置,要当乐队指挥。从此他变得谦和,迅速地成熟起来。

二、把别人当成自己

　　"把别人当成自己"的意思是说,假定那个人就是自己,那就要充分地"读懂"他、理解他,在他需要的时候给予适当的帮助。给他人以快乐,自己也同时享受快乐。

　　"把别人当成自己"也是一种换位思考,也是以别人为中心,但是它和"把自己当成别人"在角度上有所不同:把自己当成别人,是为了更为客观地审视自己,恰当地为人处事;而把别人当成自己,则是为了更好地理解别人,给别人以帮助。

　　"把别人当成自己"的换位推理也是转换情境假设,其蕴涵式为:

　　　　如果把别人当成自己,那么就应当如此。

"把别人当成自己"和"把自己当成别人"虽然同是换位推理,但仍有角度上的区别,结论也不相同。

　　下面是一份心理咨询实录,一位心理医生把自己当成对方,给了对方心理健康和快乐。

　　有一位周小姐,是一名上班族。快过年了,她打算过了年跳槽,找一份能让自己快乐起来的工作。为此,她去请教心理医生。

　　一进门,她微笑着向医生问好,大方地落座在沙发里,从容地脱去大衣,就主动地开始了她的陈述。

　　周小姐：医生,其实我没有什么问题,只不过总想换换工作。我知道您帮不了我,因为您也不可能帮我找到理想的工作。

　　医生此刻感到对方有一种很强大的攻击力,而且让人难以反驳。

　　医生(微笑着):那你咨询是要达到怎样的目的呢?

　　周小姐:只不过是来看看,我知道您帮不了我。

　　她一再强调"您帮不了我",把别人拒于千里之外,同时也暴露了自身的孤独和无依无靠。

　　医生(微笑着):医生愿意帮助你,而且我感到你也很需要被关怀、被理解、被爱。

　　周小姐(笑笑):哦? 不是吧? 平时都是我帮助别人。以前我做了那么多,到最后却众叛亲离,没有人愿意接近我,更没有人愿意帮我走出困境。每次都是这样,我已经跳七次槽了,却总找不到可以关怀我、理解我的环境。

　　她把自己说成一个遭受不公平待遇的弱者,实际上是在为自己开脱,保护自己脆弱的内心。她的"小女人"外壳很厚,到现在还没有打开。

　　医生(微笑着):我感到你现在还没有感到安全。是不是你觉得医生在指责你,所以总是否认你自己痛苦的感受?

　　周小姐(面颊抽搐了一下):没什么,这种不安全我已经习惯了,用不着改变。

　　医生:其实正是这种不安全感造成你不相信任何人,包括同事和老板,也包括心理医生,总觉得别人在排挤你,对你不好。你的这些抱怨并不见得就是事实,有可能是你认为是那样而实际上不是那样。如果你一直因为人际关系而不断跳槽,可能不仅解决不了你的人际关系问题,还会使你一直处于一种不满意、感到不公平的心态中。

她愣住了,脸上显示出痛苦的表情。过了好一会儿,她的姿态不再那么僵硬。这是一个转折点。

周小姐(声音低得几乎听不见):那,医生,我怎么办呢?

她的"小女人"心态终于露出来了。她需要适当地示弱,适当地表现出需要别人的帮助,并允许别人接近她真实而弱小的自我。

周小姐(叹息):我太累了,太疲乏了,睡多少觉都补不回来。我这是怎么了? 和别人在一起,我总觉得很难受,很想逃开,可是逃开是希望有人把我捡回来,结果却是遭受冷漠。

医生:你其实是自己制造了一个笼子,你待在笼子里的目的是希望有人把笼子打开,放你出去。但是别人误以为你自己喜欢待在笼子里,从而不敢打搅你,而别人这种态度又被你理解为冷落你和不理解你。正是你亲手制造了复杂局面,造成了你似乎总受冷遇的处境。

周小姐(迷惑不解地):难道他们就不能过来看我吗? 他们为什么不理解我呢?

这个问题是具有普遍性的。很多人都希望别人能够无条件地帮助自己,但这只是一种幻想,事实上是做不到的。

医生(微笑着):这可能是对你男朋友的要求,恐怕不是对同事和领导的要求吧!

周小姐(笑了,点头):是呀,我对别人要求太高了。

医生(正色):如果你也能这么高标准地要求自己,相信你的问题不会总是存在的。

周小姐(面露难色):医生,不是我不想改,是我改不了。

这又是一个普遍性的问题。是啊,说起来容易改起来难!

医生:改变是需要长时间努力的,如果你有这个耐心,医生愿意帮助和陪伴你走过这段人生历程。

第一次咨询结束。

经过一段时间的咨询,周小姐不仅拥有靓丽的外表、迷人的笑容,还有了一颗平和而通达的心灵。她不再想跳槽的事了,因为现在的工作环境已经很好。

心理咨询学第一条基本原则就是"理解原则"。它要求心理医生能够设身处地地从来访者的角度看待问题(把对方看成自己),体会他们的情绪,并且将自己的感受和认识传达给来访者。显然,这位好心的心理医生就是这样做的。他设身处地体味着对方内心深处的痛苦与煎熬,同对方一道分析问题的症结所在,从而帮助对方走出了困境。医生为此十分高兴,祝愿这位女士在人生道路上一路走好。

在人生的旅途中,旅行者之间本来就应当互相帮助,把别人当成自己,理解他们,关心和帮助他们,给别人以快乐,自己同时也享受快乐。特别是一些哲学家、心理学家、逻辑学家、社会学家,以及至亲好友乃至所有的好心人,都应当像心理医生那样,把别人当成自己,"将心比心",真诚地关心和帮助那些需要关心和帮助的人们,共同享受人生的快乐。

三、别人就是别人

在同别人的交往中,我们可以把自己当成别人,把别人当成自己,然而别人又只是别人而不是自己。

"别人就是别人",意味着我们在任何时候都应当尊重别人,尊重别人的人格、别人的信仰、别人的劳动、别人的感情、别人的自由、别人的隐私,等等。对待别人的行为遭遇,不能只是廉价的同情或者简单的批评,而是要平等地对待别人,给别人以帮助,使别人快乐,自己也享受快乐。

"别人就是别人"的推理式大体是:

因为别人就是别人,所以必须尊重对方。

例如:

一位年轻的母亲坐在公园里的一张木桌前面,孩子在一旁玩耍。这时候走来两个十多岁的男孩,坐到木桌的对面。其中一个男孩从脚边捡起一只被扭得奇形怪状的空塑料瓶子,放到木桌的中间,说是要用这瓶子和她交换放在桌子上的一瓶水。这位母亲意识到遭遇所谓的"坏孩子"了。这位母亲没有多想,只是友好地把一瓶水推到男孩子面前说:"你可以喝我的。"然而对方显然不希望事情就这样结束,于是又用类似的方式做了几次,反复观察她的反应,使得这位母亲觉得好笑。

在终于放弃了这瓶水的表演之后,他们换了话题,说:"你有汽车吗? 我们喜欢偷车。"这位母亲说:"我没有车,我也不喜欢'偷'这个词,那不是好行为。你们不是好孩子吗?"

他们要求骑一下她儿子的小自行车。这位母亲说:"你们可以骑几分钟,因为我们要走了。"于是他们每人试了一下,就把车还了回来。

这两个"坏孩子"无非是要搞恶作剧来激怒别人,达到取乐的目的。而这位母亲却能够心平气和地和对方交谈,有礼有节,寓批评于表扬之中,既教育了对方,让对方愉快地离去,自己也在愉快中带着孩子走出了公园。

"别人就是别人",在人们需要帮助的时候,我们应当给予帮助,但是这种帮助仍然是对别人的尊重。如果只是一般的同情或施舍,对方即使得到了帮助,心里也快乐不起来。如果别人快乐不起来,自己又哪来的快乐呢?

例如:

一位美国青年曾经说起他父亲的一件小事:

这位青年当时还是个少年,生活在父亲经营的农场里。有一天,一个行色匆匆的中年人来到农场,对作为农场主的父亲说,他要到附近一个城市去办事,而口袋里的钱所剩无几,希望农场主能够留他吃一顿午饭。

"没问题。"父亲说,"我想请你帮个忙,可以吗?"

"当然可以。"中年人回答说。

事情很简单,就是把一堆木料挪个地方。不到半个小时,中年人就完成了工作任务。中午,父亲和中年人共进午餐,两个人说说笑笑,十分开心。餐后,父亲付给中年人一些劳动报酬,中年人高兴地走了。

这位青年回忆说:"当时我很奇怪地问父亲,这堆木料并不需要挪地方呀?"父亲笑着回答说:"是的。这样,人家心里会舒畅一些。"

这位青年说,这件事情虽然很小,但是它教会了自己怎样尊重别人,所以一直留在记忆之中。

四、自己就是自己

在人生的旅途中,自己毕竟只是自己而不是别人,自己的路得自己走,就像佛家所说的"自悟"那样,谁也替代不了。从来就没有救世主或者神仙、侠客,可以替代我们完成漫长而艰难的人生旅行。读者您说,是吗?

"自己就是自己"的推理式为:

因为自己就是自己,所以自己的路自己走。

爱因斯坦说:"真正的快乐,是对生活的乐观,对工作的愉快,对事业的兴奋。"一个人是否拥有快乐的人生,关键在于心态:有什么样的心态,就会有什么样的人生质量。

须知心态是可以调节的。古希腊的苏格拉底和美国林肯,家有悍妇,当"河东狮吼"的时候,心情大概不会是快乐的。可贵的是,他们能够适时地调整心态,显示出豁达大度的风采。一个人的心态调节能力取决于你修炼内隐前提的程度。我们有时候难免心态不好,比如情绪低落,黯然神伤,或者心情急躁,难抑怒火。如果拥有健康而稳定的内隐前提,就会从容地进行推理,很快地转换心态,让自己快乐起来。

(一) 生活

生活中"不如意事常八九",无论你是什么样的人,上至帝王将相,下到贩夫走卒,都有自己的忧愁和痛苦。三灾六难,冷暖炎凉,折磨着每一个人,谁也不会例外。然而不同的人对待苦难的态度却大不相同:有的人"身在福中不知福",以乐为苦。有的人则像寒梅那样,与霜雪争艳,既美化了自己,又给人类带来美丽和芳香,自己快乐,别人也快乐。人生有痛苦也有快乐,如果拥有健康而稳定的内隐前提,再大的痛苦也剥夺不了我们的快乐,因为对生活的乐观是人生的第一要义。

例 1:

孔子曾经盛赞过他的第一高徒颜回,孔子说:

"贤哉,回也! 一箪食,一瓢饮,在陋巷,人不堪其忧,回也不改其乐。贤哉,回也!"

颜回的生活的确非常艰苦,然而他对生活的态度却非常乐观,无愧于他的"大贤"称号。我们由此深切地感受到:身受任何艰难困苦,都可以拥有乐观的心态,因为有颜回这样令人信服的榜样。

人们的物质生活永远不会平等,但是生活的快乐却可以人人平等。

例2:

佛祖释迦牟尼当年在菩提树下苦思冥想,终于"悟"出了人生的真谛,大意是说:

如果你因为得不到你希望得到的东西,比如一本书吧,而伤心,那么你可以做两件事情:你可以想方设法得到它,或者你可以不再希望得到它。如果你做成了两件事情中的一件事,你就不会悲伤了。

从佛祖的这个意思来看,有时候放弃也是一种快乐。人们的欲望没有止境,我们渴望得到一切美好的东西,然而现实生活却不允许我们拥有一切。因此,勇敢地放弃你无法得到的东西,不失为一种明智的选择,因为放弃也是一种美丽,它同样会给你带来快乐。生活中许多忧心的事,只要彻底地想明白了,都能够让你快乐起来。

例3:

二十世纪六七十年代,某大学的两位老教授——一位中文系教授和一位音乐系教授同时被下放到一个农场,任务就是割草。一年后,那位中文系教授不堪生活的折磨,含恨离开了人世。而那位音乐系教授却在 6 年后回到原来任教的大学,重操旧业,站在讲台上一如当年那样神采奕奕。有人问他这 6 年是怎样熬过来的,他说,他每一次割草都是按照 4/4 拍的节奏来割的,割草对他来说就是欣赏音乐……

两位教授的生活境遇相同,而人生命运竟然如此地不同,这难道不是与他们的不同心态密切相关吗?

"生活如歌"是健康的人生体验,它与阿Q的"精神胜利法"完全不同。"生活如歌"是强者的乐观心态,"精神胜利法"则反映了一个弱者无可奈何的灰暗心理。它们是不同质的两件事情,不可同日而语。

(二)工作

我们的一辈子,工作时间占据了黄金时段,从青年到壮年的宝贵年华都被"工作"消磨殆尽,如果工作不愉快,那真叫作"苦不堪言"。因此,工作体现人生的价值,工作的愉快对于人生来说,无疑具有极为重要的意义。

对工作的愉快,其条件有二:一是观念,二是方法。

先说观念。

德国大诗人歌德说:"如果工作是一种乐趣,人生就是天堂。"那么,如果相反呢?人生就难免成为地狱。工作的快乐来自对工作的理解和心态,而对工作意义的正确理解又决定着工作时的良好心态。工作本身并没有什么快乐或不快乐的分别。比如说,穿着西装革履,坐在宽敞明亮的大办公室里工作,就一定快乐吗?成天洒扫街道,灰头土脸,也未必就不快乐。

例如：

在叶利钦执政期间，有人问克里姆林宫的一位清洁女工对自己工作的看法时，这位女工回答说："我的工作和叶利钦的工作其实差不多，他是在打理俄罗斯，我是在打理克里姆林宫，每个人都是在自己分内做好自己的事。"她说得轻描淡写，而快乐之情溢于言表。

"工作是美丽的！"在人生的旅程中，如果你能发挥自己的光和热，报效国家和社会，同时实现自我，那就是无比幸福、无比愉快的。

再说方法。

智慧是工作愉快的源泉。要想工作愉快，就要善于工作：紧张而有序。只有胜任工作才会产生快乐。

例如：

李未是一位成功的职场人士，在不长的时间里从低级白领过渡到高级白领，一切都似乎那么顺理成章。有老同学想探得其中奥妙，李未说：

他刚参加工作时，也和许多人一样，总觉得手头的事情做不完，难免手忙脚乱。有一天，做了一辈子管理工作的父亲对他说："你能不能试一试，每天早出门半个小时？"

他按照父亲的提议做了，其效果远远超出了自己的意料。

早晨出门，当他走到公交车站时，发现等车的人不多，车上也很空，他找个座位坐下，就把将开始的一天工作理了个头绪。

上班铃响过之后，同事们匆匆忙忙地做着准备工作，而他的面前已经放好了需要整理的材料，还泡了一杯热茶。接下来的工作是有条不紊的。

快乐悠闲的午休过后，下午的工作，由于早晨在公交车上已有考虑，所以也很顺手。下班铃响之前，他把一天的工作小结了一下，如果有遗漏或不周到的地方，还有时间弥补。

"只因早了半小时"，李未成功的奥秘全在这里，一点儿也不复杂。这就是方法！恰当的方法会给你带来工作的愉快。

又如：

美国伯利恒钢铁公司从一家小钢铁厂一跃成为世界著名钢铁企业，仅仅用了5年时间。这样超常规的发展得益于美国效益专家艾维·利的一个金点子。他对公司总裁舒尔普说："在一张纸片上写下你明天要做的最重要的事情，然后用数字表明每件事情对你和你公司重要性的次序。第二天早上，你首先要做的，就是纸片上标明的第一项最重要的事，全力办好这'第一重要'的事情。然后用同样的方法做第二项、第三项，直到下班为止。如果只做完第一件事，那不要紧，因为你总是在做最重要的事！"

成功就这么简单：每天都做最重要的事。这就是方法！这就是一个企业成功的诀窍。

（三）事业

苏联著名教育家马卡连柯说："人的生活真正的刺激是明天的快乐。"对于人生理想的追求，对于未来生活的期望，就会产生对事业的兴奋，即使艰难困苦，也会勇往直前，乐在心里。

例如：

华山唯一的一位女挑夫，能挑 100 多斤。她的丈夫为此特别不好意思，他说："哎呀，别人都说，你怎么让你老婆来干这个事儿！"而这位女挑夫自己却说："没问题，挑出一个好日子来！"

是啊，"挑出一个好日子来！"这句话就足以产生使不尽的气力。快乐来自明天，来自希望。

为了事业，为了理想，为了明天，许多人奉献出毕生的精力甚至最宝贵的生命。他们尽管付出了沉重的代价，但在内心深处依然充盈着快乐。

古往今来，多少英雄豪杰、志士仁人，为了事业和理想，从容赴义。直到今天，我们每每忆起，都会感受到心灵的震撼。

下面仅举一例，以窥一斑：

谭嗣同，戊戌六君子之一。戊戌变法失败后，有人劝谭嗣同赶快出逃，他断然拒绝。日本使馆表示"可以设法保护"，他慨然说道："大丈夫不做则已，做事则磊磊落落，一死何足惜！且外国变法，未有不流血者；中国以变法流血者，请自嗣同始。"他随即被捕。

有好友设法来到狱中，再次劝他逃生。谭嗣同在监狱墙壁上挥毫写下了"我自横刀向天笑"的豪迈诗句。

临刑的时候，谭嗣同慷慨陈词："有心杀贼，无力回天，死得其所，快哉！快哉！"

清朝末年，国难当头，为了挽救民族的危亡，谭嗣同视死如归。我们从谭嗣同"横刀向天笑"和"死得其所，快哉，快哉"的浩然正气中,不难体悟到他那含笑赴义的乐观心态。

回溯那位德高望重的智者告诉少年的四句箴言,"把自己当成别人,把别人当成自己,别人就是别人,自己就是自己",果然是大智慧,周到而且深刻。智者告诫少年,要实践这四句箴言,需要用一辈子的时间和精力。少年沉思良久,决心实践这四句箴言,做一个"自己快乐也使别人快乐"的好人。

人生是一次买不到回程车票的旅行,这似乎令人遗憾,其实回程车票并不重要。因为人生的旅行并不在于到达什么样的目的地,而在于欣赏沿途亮丽的风景,以及欣赏风景的那份快乐的心情。人生旅行是一次心灵的旅行。

祝您一路平安!

祝愿好人一生平安!